U0181377

1+X职业技能等级证书配套教材
——"污水处理"职业技能等级证书

水处理实践技术案例

[主　编] —— 沈　磊　袁　騉

[副主编] —— 刘东方　刘　涛
　　　　　　杨建华　张晨光

[主　审] —— 杨向平

中国教育出版传媒集团
高等教育出版社·北京

内容提要

本书是"污水处理"1+X职业技能等级证书配套教材，教材从生产实践出发，面向环境工程技术、环境监测技术、生态环境工程技术、水环境智能监测与治理、水净化与安全技术、水生态修复技术等专业方向的职业教育对象及水处理、水生产企业一线操作人员，结合水生产处理和工业废水处理工作中的技术实践，以案例教学、自主式学习的方式整合资源，使读者在分析理解中提升自己的操作技能与处理问题的能力。

本书由上下两篇，每篇各5个案例组成，涵盖水处理工艺的主要环节，同时兼顾水处理工艺涉及的设备、微生物、检测和仪表等知识及技能。每个案例均设有明确的学习目标、学习任务及学习过程评价表，独立形成学习闭环，能帮助读者及时沉淀学习成果。

本书以活页式方式成书，便于学习者添加学习内容与学习心得。适用于职业院校"污水处理"1+X职业技能等级证书试点教学、考核、竞赛和水处理企业技能提升培训使用。

编写委员会

前 言

为加强理论与实践的无缝对接，强化实践教学在高职教育中的地位与作用，提升院校教师的操作技能与整体认知，北京化育厚德咨询有限责任公司会同部分企业与院校，共同出版《水处理实践技术案例》即1+X污水处理职业技能等级证书配套教材。目的有两个：一方面是强化学生自学能力的养成，为今后职业能力提升打好基础；另一方面是增加实践技能的比重，通过案例式教学，将企业实践案例及分析引入常规教学与考核，强化学生的技能意识，养成良好的工作习惯。

该书分上下两篇，每篇各五个案例。

上篇案例要求相对明确、具体。为加强学习效果，每个案例后附有技能要求、知识点及思考题，并由院校教师提供信息页，供读者结合课堂教学和综合分析，找出问题相应答案。此外为方便自学，本书还提供了相关的评价方法。

下篇案例较为综合，具有一定难度；每个案例后除附有技能要求、知识点及思考题外，在信息页提供的是水处理工艺、水处理设备、仪表自动化、在线分析检测及工艺仿真等方面的资料信息，以及文献查询信息，要求读者通过自主学习寻找答案。

在评价方面，读者是要通过提供相关证据，证明是通过有效的学习才获取到相关信息，并通过学习、提炼、总结、归纳等方式得以完成。

本书由化学工业职业技能鉴定指导中心牵头，成立编写委员会，由聊城水务集团有限公司、鲁西化工集团股份有限公司、浙江巨化股份有限公司、青岛光华环保科技有限公司、中双元（杭州）科技有限公司等企业参加，负责企业案例的提供与审定；北京电子科技职业学院、天津渤海职业技术学院、江西环境工程职业学院、兰州资源环境职业技术大学、常州工程职业技术学院、重庆工信职业技术学院、广东环境保护工程职业学院、山东科技职业学院、广东轻工职业技术学院、上海现代化工职业学院、北京市工业技师学院、北京轻工技师学院、山东工业技师学院等院校参与信息页的编写。

本书由袁骢统稿，由中国环保机械行业协会专业委员会主任杨向平主审。此外本书还得到了北京城市排水集团有限责任公司及小红门再生水厂李佟等人的鼎力协助，在此一并感谢。

由于水平有限，资料和信息收集有限，可能有很多不到之处，恳请业内专家批评指正。

编者

2022年11月

目录

上篇
001-156

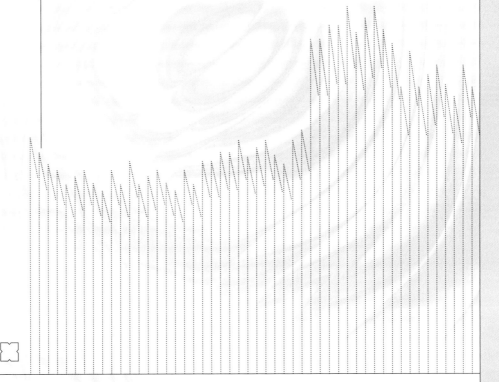

特色说明：

（一）关于本部分案例选择的说明

本篇选择了 5 个工艺案例，并提供了参考答案。但要求学习者在学习此案例的过程中，除根据案例给定的条件，以及原有的能力，结合自己的学习体会，先从信息页中查找答案，与参考答案对比，寻找可能存在的技能或知识的盲点，便于自身的提升。

每一案例所涉及内容较为广泛，除工艺操作外，还有机械设备、仪表控制、分析检测及管理调控等方面。

（二）完成案例学习的标准

由于此类案例式学习不同于以往的课堂学习和实践教学，要有足够的综合能力和自学能力，表现在：

1. 要想真正提高自己的能力，必须在实践中先要理解问题的由来，然后利用信息页中给出的相关信息进行归纳总结，再与参考答案对比，才能完成参考答案的整理；

2. 有的问题可能还要通过阅读多本教材或参考资料，才能归纳总结出来；

3. 有的问题可能需要与企业专家协商，整理归纳后才能完成；

4. 在完成学习的过程中，要对自学情况和笔记整理情况进行评价，并养成整理学习笔记和阶段性总结的学习习惯；

5. 最关键的是，要将学习归纳的成果进行实践检验，能力的提升只有通过实践检验，不断发现问题，并在归纳总结和再实践中得以实现。

（三）学习成果的评价

本篇案例的成果分为完成问题和自学过程两部分。尤其是完成问题中，不应以与参考答案相同或近似为标准，要与教师或企业指导老师协商，以合理性和有借鉴性为优先原则，目的是要启发和调动学习者的自主思考能力。并要强调没有标准答案这一理念。

（四）其他说明

要在学习案例的过程中，加强学习者的技能总结与迁移训练，将学习者尽可能地培养成多面手，这对于提升职业素养的作用意义重大。

作为企业一线操作者，除掌握必需的专业知识和操作技能外，还应掌握一些通用基础知识。具体有以下三方面要求。

安全操作职责要求

一、操作人员安全通则要求

1. 管理制度学习

企业管理制度一般由"基本管理制度、安全管理制度、安全操作规则"等组成。如：

（1）企业人事管理是企业管理的一项重要内容，在整个企业的管理中具有重要地位。涵盖"招聘制度、培训制度、绩效管理制度、薪酬和职级管理制度、员工发展制度、人力资源规划制度、组织和职位管理制度、人力资源信息管理制度和员工关系管理制度等部分"。是适应现代企业制度要求、推动企业劳动人事管理走向科学化、规范化的必要条件。

（2）企业安全管理是企业维持正常生产的前提，没有安全，就没有生产。而安全管理制度一般分成三个方面，即个人安全、设备安全与其他安全管理制度。

　① 个人安全管理制度应涵盖：安全生产教育培训制度；安全意识养成教育；安全生产过程中的个人安全防护规定；危险源的识别与规范操作；生产安全事故隐患排查治理制度；安全生产考核和奖惩制度等。

　② 设备安全操作、维护、保养检修等内容：如生产设施安全管理制度；安全投入保障制度；安全作业管理制度；安全用电用水管理制度；设备（设施）安全操作、维护保养、检修管理制度；职业卫生安全管理制度；特种作业人员管理制度；安全生产应急预案；岗前安全例会管理制度等。

　③ 其他安全管理制度：企业除人与设备的安全管理制度外，还需要规定一些与之配套的一些安全管理制度，如消防管理制度；危险化学品安全管理制度；仓库安全管理制度；厂区禁烟、禁火管理制度等。

（3）安全操作规则是操作人员岗位操作中必须严格执行的工作原则，如未严格执行而造成的任何事故，企业有权对所造成的经济损失要求操作者进行赔偿。安全操作规则一般由"操作规则的适用范围、作业职责、操作过程中危险源识别和操作过程中的风险管控"等几部分组成。

安全操作规程的编制原则的制定，应贯彻"安全第一，预防为主"的方针，其内容在结合设备的实际运行情况下，突出"操作规范、重点明确、危险易辨、风险可控、检查有据、考核可依、文字简洁、通俗易懂"的原则。

2. 技术（技能）培训

企业组织的技术（技能）培训一般分为新员工上岗前的培训（也称职前培训）和体系培训（也称职中培训或技能提升培训）。新员工在入职后，一般要接受不少于一周的技术培训，其目的是要新员工了解本企业所涉及的相关工艺技术知识、工艺设备、信息控制技术等企业运行所涉及的技术基础知识。使新员工对企业有初步的技术认知，为企业选择合适人才加入适宜岗位提供条件。

污水处理厂的技术（技能）培训多采用模块化设计，即由"常规运行、设备维护、水质检测、自动化控制"等几部分组成。在实际培训中，可能是全项目，也可能是根据岗位需求，由不同模块组合成有针对性需求的专项培训。

体系培训则是企业针对发展的需要，有计划、有目的地对岗位员工进行的提升培训，为企业的技术改革、技能提升、后备人才建设等方面进行人才储备。

3. 生产实践和岗位考核

新入职的员工一般在进行管理制度培训学习、技能技术培训学习后，还要经过生产岗位的生产实践学习和岗位考核。这类实践学习短为三个月，长为半年，不同企业在实际操作上会根据需要有所侧重。如工艺人员除工艺岗外，机修、检测都要轮岗；而机修人员除维修岗外，工艺、仪表都要轮岗，特别是自动化程度较高的企业，仪表维护、维修岗是重点培训部门。

每到一岗轮训结束前，都要通过考核，确认是否能进行下一个岗位的学习。

二、设备操作安全通则要求

企业设备一般分为四大类：通用设备（如泵、风机、阀门/截门、自动化控制装置等）；非标设备（如格栅、洗砂机、刮泥机、曝气器、脱水机、臭氧发生器、紫外设备等）；专用设备（如膜生物反应器、膜过滤器、过滤装置、闪蒸装置、反应装置等）；特种设备（如高压容器、起重机械等）。此类设备在操作过程中，均应遵守安全操作通则要求。

（1）启动设备前，必须做到：

① 盘动联轴器是否灵活，间隙是否均匀，有无受阻和异常响声。

② 检查设备所需油质、油量是否符合要求。

③ 观察各种显示仪表是否正常。

④ 供配电设备、电机是否完好，电气设备绝缘性能是否合格，周围环境是否符合相关要求等。

⑤ 其他各项条件是否具备。待一切正常后，方可开机运行。

（2）水泵启动和运行时，操作人员不得接触转动部位。

（3）当泵房突然断电或设备发生重大事故时，应及时采取措施切换到备用泵或向中控汇报，并及时向车间报告。

（4）操作人员在水泵开启至运行稳定后，应再次对电机、电气设备、轴承、密封、各种仪表做一次全面检查。确认一切正常后，操作人员方可离开。

（5）当水泵运行中发现下列情况：如水泵发生断轴故障，突发异常声响，轴承温度过高，压力表、电流表示值过低或过高，机房管线、阀门发生大量漏水，电机发生严重故障等情况时，应立即停机检查，找出异常并解决后，方可再开泵运行。

（6）严禁频繁手动启动水泵。

（7）严禁非本岗位人员操作本岗位的设备。

三、用电操作安全通则要求

（1）在对设备进行加电启动前，必须检查电气设备的接地保护。

（2）当电源、电压大于或小于额定电压5%时，不宜启动电机。

（3）各种设备维修时必须断电，并应在开关处悬挂维修标牌和上锁后，方可操作。

（4）清理机电设备及周围环境卫生时，严禁擦拭设备运转部位，冲洗水不得溅到电缆头和电机带电部位及润滑部位。

（5）在电气设备检修过程中，操作人员必须做好个人安全防护。

（6）有电气设备和易燃易爆的场所，应按消防部门的有关规定设置消防器材。

（7）当电气设备处在含有一定浓度的易燃易爆场所中，必须配置防爆装置。

四、其他操作安全通则要求

其他操作安全包含：个人安全防护器具、巡检救护（池上、管廊）、有限空间作业、危险化学品（警示牌、危险源识别、领用、管理等）、应急预案与演练等。

（1）凡对含有毒、有害气体或可燃性气体构筑物或容器进行放空清理和维修时，必须采取通风、换气等安全措施，并经气体检测合格后方可进行。最好是在操作过程中进行强制通风换气，以确保操作人员的安全。

（2）凡在进入加盖池内作业时，必须办理有限空间作业证；在强制通风并经气体检测合格，安全适宜人体进入状态后，方可进入作业。同时必须安排人员值守和应急处理预案。

（3）严禁未通过气体安全监测私自进入加盖池内。

（4）雨天或冰雪天气，操作人员在构筑物上巡视或操作时，应做好防滑处理。

（5）起重设备应有专人负责操作，吊物下方严禁站人。

（6）当某车间发生突发性事件时，要及时疏散车间及通道人员。

巡检操作职责要求

一、作业区域及工作范围

（1）责任区域：根据处理工艺一般分为预处理区、一级处理区、二级处理区、三级处理区、深度处理区、污泥处理区、生产辅助区。

（2）其他作业设施：区域内各构筑物、各管廊、消防设施、各工艺管线等。

（3）巡检操作时，是通过"听、看、嗅、触"等动作实现的。"听"指认真倾听有无异动声响，特别是转动设备是否发出特殊噪声；"看"指要看水位、看色态、看沉降；"嗅"指闻水、泥有无异味；"触"指用手指或手背触摸能触碰的机械设备，感受其运动状态中有无异常振动、颤抖等情况，了解设备的运行情况。

二、班组职责

（一）必须完成的常规工作

（1）认真履行企业各项安全管理规程、制度，确保班组人员人身及辖区内设备（含消防设备）、设施（含消防设施）安全；同时要求班组成员严格按规定佩戴劳动保护用品，并将配置的劳动保护用品规范摆放至触手可及处。

（2）做好辖区工艺调控，完成企业下达的年度生产目标指标和月度生产计划，并严格按调度指令进行现场操作。

（3）按相关要求对辖区进行现场巡视，对于发现的问题应及时解决，如不能自行处理时，要将信息按报送程序，上报至相关人员，并做好上报记录。

（4）做好区域内水、电、药资源、能源生产使用，优化工艺调控，降低运营成本。

（5）根据生产运行需要，执行技术人员工艺调整指令，确保生产高质高效运行。

（6）做好本班组各类生产材料、工器具、防汛物资、防冻物资、安全应急物资、个人防护用品等的使用、维护及保管工作，确保相关用品应急使用。

（7）按照5S相关要求，做好班组现场管理，完成整理、整顿、清扫等日常化工作。完成清理并保持辖区内环境卫生。

（8）做好本班组人员的劳动纪律、考勤、绩效管理和培训等工作。

（9）逐一填写巡视记录，做到及时、准确、完整、清晰、如实反映运行情况，严格执行交接班制度。

（10）完成领导及技术员交办的其他任务。

（二）必须完成的检查、检测及填写等工作

（1）按规定时间进行水表、电表的抄表记录工作。

（2）完成好本区域化学药剂管理工作，按要求检查、验收、卸药等工作。

（3）做好备用设备的清理和清洁工作；药剂的投加、使用，加药口的清理；水格栅、泥格栅栅渣的清理；过滤器、泵和管道的杂物清理。

（4）按照取样安排，按规定到指定地点进行定期的样品采集操作（如泥样、水样、气样等）。

（5）按照工艺要求，定期/不定期地完成溶解氧、SVI、镜检等工艺参数检测工作。

（6）完成设备加换油和水箱加换水等操作。

（7）做好更换、安装破损的压滤机滤布等操作。

（8）做好车间公共浴室设施正常运行和卫生保洁，并确认工作区域内杂质/异物的清理效果与整洁程度。

（9）确认《日运行报表》与《设备日运行报表》等表格的填写；完成并复核统计和计算各类有关数据；同时在交班过程中，要明确沟通当班过程出现的异常情况及处理处置经过，并提出后续应注意观察与控制的操作建议。

（三）必须完成的其他工作

（1）做好工艺异常情况下安排的定点或定时采集样品操作。

（2）完成夜班突发异常状况时的应急处置所有工作。

（3）完成定期或不定期的安全消防演练。

（4）做好节假日（指超过三天）前对设备的维护、维修、保养等检查工作，并根据假期长短，将保养维护用品及常用备件备出余量，供突发应急抢修使用。

设备的日常维护与保养要求

一、设备维护的内容及要求

设备维护应严格遵守十字方针，即清洁、润滑、调整、紧固、防腐。

（1）清洁：通过擦拭、冲洗、清扫等方式，保持设备、设备附件及周围环境清洁、无油污、无积水、无蜘蛛网、无杂物。

（2）润滑：设备的润滑面、润滑点按时加油、换油，油质符合要求，油壶、油杯、油枪齐全，油毡、油线清洁，油窗、油标醒目，油路畅通。

（3）调整：设备各运动部位、配合部位经常调整，使设备各零件、部位之间配合合理，不松不旷，符合设备原来规定的配合精度和安装标准。

（4）紧固：设备中需要紧固连接的部位，经常进行检查，发现松动，及时扭紧，确保设备安全运行。

（5）防腐：设备外部及内部与介质接触的部位，应定期进行防腐处理，以提高设备的抗腐蚀能力，提高设备的使用寿命。

二、工作程序

（1）由操作人员进行正确的日常维护保养，做到设备、管线、阀门、仪表有人负责，保持设备的完好及洁净。

（2）操作人员必须正确使用和维护设备。

（3）操作人员必须做好下列工作：

① 清理本岗位需使用的设备的污垢、物料等，使设备保持清洁卫生，使设备见本色，包括泵、平台、阀门、管线、减速机、仪表等。

② 检查减速机、泵、风机、阀门、阀杆等的润滑情况，使之保持润滑良好。

③ 检查所有传动部分、连接部位是否松动，必要时作紧固调整。

④ 检查所有三角带传动部分是否松紧合适，必要时作紧固调整或更换。

⑤ 检查所有法兰连接部位是否松动、泄漏，及时作紧固调整或更换螺栓、垫片，杜绝跑、冒、滴、漏。

⑥ 检查所有温度仪表是否准确可靠，否则及时通知电工更换。

⑦ 定时巡回检查，认真填写运行记录，发现问题及时处理。

⑧ 运行中发现阀门、法兰、视筒、垫片松动、泄漏应及时调整或更换。

⑨ 运行中发现真空、压力仪表不正常应及时调整或更换。

⑩ 操作人员发现设备有不正常情况，应立即检查原因，及时处理。在紧急情况下，应采取果断措施或立即停车，并上报和通知值班长及有关岗位，不弄清原因、不排除故障不得盲目开车。未处理的缺陷须记于运行记录上，并向下一班交接清楚。

三、设备日常维护保养制度

（一）设备维护保养的基本原则

（1）设备维护保养工作应贯彻"预防为主"的原则，把设备故障消灭在萌芽状态，其主要任务是防止连接件松动和不正常的磨损，监督操作者按设备使用规程的规定正确使用设备，防止设备事故的发生，延长设备使用寿命和检修周期，保证设备的安全运行，为生产提供最佳状态的生产设备。

（2）操作人员在设备日常维护保养工作中要做到"三好"（管好、用好、维护好），"四会"（会使用、会保养、会检查、会排除故障）。

（3）设备维护保养工作重点体现在提高维修工作质量，减少停机时间，提高设备作业率。

（二）设备维护保养的要点

1. 操作工作实行设备维护保养负责制（即设备操作人员责任制）

（1）单机，独立实施操作人员，要执行"当班检查和维护保养负责制"；

（2）连续生产线上集体操作的设备，实行三分之一（或四分之一）区域当班检查和维护保养负责制；

（3）对无固定人员操作的公用设备，应由设备所在部门，首先指定专人管理，然后由管理人与使用者间确认操作、维护、保养职责；

（4）每台设备都要制订和悬挂维护保养责任牌，明确负责人和维护保养人。

2. 维护保养责任者有下列职责（即设备维护保养人员责任制）

（1）严格按设备使用规程中的规定操作，不得超负荷使用；

（2）开车前 15 min 要仔细检查设备，在做好准备工作后，先进行负荷试车，检查各控制开关是否正常；当发现问题和异常现象时，要及时停车检查，或自行排查处理，或及时报告检修责任者处理；

（3）正确地按车间制订的润滑表规定，定期添加润滑油或润滑脂，定期换油，保持油路畅通；

（4）操作工在本班下班前 15 min，要将设备和工作场地擦拭和清扫干净，保持设备内外清洁，无油垢，无脏物，做到"漆见本色铁见光"；

（5）认真执行设备交接班制度，主要设备每台都应有"交接班记录本"，每班人员认真填写清楚，交接双方要在"交接班记录本"签字，设备在接班后发生问题由接班人负责。

3. 专业维修工人，实行设备包修制

班组包区域，个人包机组。

每个设备区域和每台设备都要制订和悬挂维护检修责任牌。区域内要悬挂组长责任牌，单机悬挂个人责任牌，明确负责人和检查维护保养人。

4. 专业维修人员有下列职责

（1）区域包修的责任班组，应按车间制订的区域设备检查点，分解落实到单机包修的个人，定时、定点进行巡回检查包修。

（2）包机组的个人应根据车间规定的每台设备检查点的检查情况详细填写记录，交车间设备组存档备查。

（3）车间设备组应根据定时定点检查的记录，安排和落实该设备的预修计划，并报设备科备案，及时排除设备故障或设备事故。

当设备维修操作外包给专业维修机构责任设备的大修、更换等工作时，需要签订"业务与安全合同"，在专业维修机构进厂前，要进行"安全交底"，编制工作方案与要求、应急预案等文件，并与企业相关部门进行沟通交流，待双方确认，办理好所有手续后，专业维修机构方可进行现场操作。

（三）设备的分类和分级维护保养

（1）机械、运转、运输等通用设备，按一、二、三级维护保养责任制。

① 一级保养以操作者为主，二班或三班工作制的设备一年做两次一级保养。运输车辆则每行驶 2000 km 进行一级保养，每次保养必须按保养的要求进行。

② 二级保养以维修工人为主，二班或三班工作制的设备一年做一次二级保养。运输车辆则每行驶 7000 km 进行二级保养，每次保养必须按保养的要求进行。

③ 运输车辆每行驶 45000~50000 km，进行三级保养，按运输车辆保养内容及要求进行。

（2）连续生产线上的专用设备，推行点检，预修和厂休及节假日的维修责任制，根据点检的预修计划进行维修。

（3）设备的预防保养周期的确定，可根据设备的重要性和生产班次划分类别。

　①　A类设备周期最短。

　②　B类设备周期较长。

　③　C类设备周期不作定期规定。

（4）车间设备主任组织分管的设备员按类别确定好每台设备的必检部位，定岗、定员，责任到人，并报设备科备案。

（5）车间设备员将分管的每台设备编写生产工人日常维护检查表和专业维修工人巡回检查表（包括机组名称、必检部位名称、每点检查内容、检查标准、检查时间、检查总的编号及检查记录或图表）。

（四）设备维护保养规程的编制

（1）设备维护保养规程是设备维护工作唯一遵循的准则，是企业搞好设备维护工作的基础，所有人员必须认真贯彻执行。设备维护保养规程要根据生产发展工艺改进及设备装置变化做相应修订或完善。

　①　每种设备都应有维护保养规程。

　②　新建和技术改造的机组或单台设备在验收投产前，要编写维护保养规程，经审核后，发到岗位个人。

（2）设备维护保养规程应包括如下内容：

　①　设备的主要技术性能参数表。

　②　简要的传动示意图、液压、动力、电气等原理图，便于掌握设备工作原理。

　③　润滑控制点管理图表，明确设备的润滑点及选用油脂牌号。

　④　当班操作人员检查维护部位，维修人员巡回检查的周期、检查点，每点检查的标准。设备在运行中出现的常见故障排除方法。

　⑤　设备运行中的安全注意事项。

　⑥　设备易损件更换周期和报废标准。

　⑦　明确设备和设备区域的文明卫生要求。

（3）设备维护保养规程的编制。

　①　凡新建技术改造项目的成套机组、单台设备的维护保养规程由设备所在部门的设备技术组负责编写。

② 在用设备尚无设备维护保养规程，应逐台限期由设备所在部门负责编写。

③ 当生产工艺改变，设备参数发生变更后，应对操作步骤进行修订或完善。

④ 凡新编制或修订的维护保养规程，须经审核批准后方可使用，并送设备科备案。

（五）设备维护保养规程的贯彻与执行

（1）设备维护保养规程的贯彻与执行，是保证设备处于良好的技术状态、安全运行的保证。因此，各级领导、操作人员、维修人员必须认真学习、贯彻与执行。

（2）设备维护保养规程必须深入贯彻到操作人员、维修人员，并做到人手一册。

（3）操作人员和专职维修人员，要互相提醒、互相监督，严格按照设备维护保养规程执行。

（六）设备技术档案管理

（1）设备技术档案是设备使用期间的物质运动（包括从设备的设计、选型、制造、安装、调试、使用、维修、更新改造、报废等全过程）的综合记载，为设备管理提供各个不同时期的原始依据。因此，车间和设备科都应贯彻执行，逐台建立设备技术档案。

（2）凡在用的设备都必须建立技术档案。

① 按企业制定的"设备技术档案"逐项记载。

② 必须要有传动示意图、液压、动力、电气等原理图。

③ 必须含点检表（即点检内容、点检标准、点检时间、点检人员及处理结果等）。

④ 设备档案的内容要随问题的出现和解决而详细记载（包括问题出现的时间、部位、损坏程度、原因、处理结果、责任者等）。

⑤ 档案记载的文字要整齐清晰（要用签字笔填写）。

（3）主管部门应建立设备技术档案，档案中应含图纸、技术文件、实验报告、检修及更换部件的情况说明等信息。

（4）凡在用的 100 kW 及以上的大型电机、高压屏、高压开关、变压器、整流装置、电热设备等应独立建立专业档案。

（5）凡在用的主要设备应建立备件、易损件图册。

（6）新设备到货后，设备库必须把随机带来的全部资料（包括图纸、说明书、装箱单等）交技术资料室复制两份，原资料归厂资料室，复制资料一份交设备科，一份交设备使用部门。

（7）设备大、中修，必须将检修情况（包括检修时间、检修负责人、更换的零部件、解决主要的技术问题、改进部分及图纸、调试记录、验收记录等原始记录）归档。

四、设备维护的保养要求

设备的维护保养有日常维护保养与定期维护保养两种。

（一）日常维护保养

日常维护保养简称日保。凡在车间使用的设备都应进行日保，日保工作由操作者本人承担。日保的目的是延长设备的使用寿命，创造一个安全、舒适的工作环境。

日保分为每班的日常维护和周末的日常维护，必须做到制度化和规范化。对日保的具体要求如下：

（1）每班的维护：单班制的操作者，班前检查设备的部位，按规定加油，设备起动前按规定对其关键部位进行检查。这种检查以感官检查为主，确认无隐患才具备开机条件，有隐患时，必须查找原因，故障排除以后才能开机。多班制的操作者在接班时必须先看交接班记录，再检查设备的状态，看看是否与交接班记录内容相符，如果符合检查结果，才在记录上签字。

运行中要严格遵守操作维护保养规程，注意运行情况，或通过感官观察设备是否正常，发现异常要及时处理或报告。下班离岗前，操作者要对设备做一次全面保养，特别是要把导轨、丝杠、齿轮等处擦拭干净，清除铁屑等，机器油漆表面和周围环境也要打扫干净，做好交接班工作，并填写交接班记录。

（2）周末的维护：对设备进行一次较彻底的清扫、擦拭；重点设备和精、大、稀设备的周末保养时间为2 h以上，由设备操作人员承担，巡查机修协助解决疑难问题，车间主任和班组长在现场督导落实。

（二）定期维护保养

设备的定期维护保养，由设备动力部检修科根据生产和设备运行情况排定保养（大修）计划，一般一年一次，排在进水量较小阶段，和生产副总协商后排定错开停机保养计划，同时下达计划到设备科施行。重点设备和精、大、稀设备由专业技术人员进行保养，一般设备由设备科机修组进行保养。

定期维护保养的主要作业内容有：

（1）对设备不易保养部位进行拆卸、检查。

（2）彻底清洗设备外表和内部，疏通油路，刷新油漆。

（3）清洗和更换油毡、油绳、滤油器。

（4）调整各部位配合间隙和更换磨损（已坏）部件。

（5）紧固各部位的零件螺丝。

（6）电气、电路部分彻底检查，老化电线要更换。

定期维护保养完成后，保养机修应对已调整、修理、更换的零件和部位在该机维护保养记录表上做好记录，设备科长逐台检查验收，该机操作者试机，并同时在维护保养记录表该栏后签名。

五、设备点检要求

根据点检时间间隔的长短和点检内容的不同，也可以把点检分成日常点检和定期点检两类。

（一）日常点检

日常点检以感官检查为主，由设备操作人员进行，对设备的关键部位进行技术状态检查，了解设备在运行中的声响、振动、油压、油温等是否正常，并对设备进行必要的清扫和擦拭、润滑、紧固螺栓等，点检卡一般挂在机台上。月底巡查机修换卡，旧卡交设备科长保存。

感官检查内容及要点：

1. 视觉

（1）仪表：掌握各仪表（包括电流、旋转、压力、温度和其他）的指示值，以及指示灯的状态，将观察值与正常值对照。

（2）润滑：观察润滑状态、油量、漏油及污染。

（3）磨损：设备的损伤、腐蚀、磨损蠕动、堵塞及其他。

（4）清理：设备及周围的清洁。

2. 听觉

检查有无异常声音，充分掌握设备日常正常运转状态下的声响，常见的异常声响举例如下：

（1）打音：紧固部位螺栓松动，压缩机金属磨损。

（2）金属音：齿轮咬合不良，联轴器磨损，轴承润滑不良。

（3）轰鸣声：电气部件磁铁接触不良，电机缺相。

（4）噪声：（"喳——喳——"的周期响声）泵的空化，鼓风机的喘振。

（5）断续声：轴承中混入异物或轴承滚珠破损。

3. 触觉

（1）温度有无异常。

    ① 手感温度：感觉与体温程度相当的温度在30~35 ℃的范围内；浴水温度为40 ℃左右。

    ② 手摸能忍耐数秒钟的温度：60 ℃左右。

    ③ 手摸不能忍耐的温度：70 ℃以上。

（2）有无异常振动。

    ① 充分掌握正常运转状态下设备的振动情况。

    ② 发生振动的原因多半为往复运转设备的紧固螺栓松动，以及旋转设备的不平衡等。

    ③ 高速运转的设备若发生振动，将导致设备破坏，故应特别注意。

4. 嗅觉

（1）电机、变压器等有无因过热或短路引起的火花，或绝缘材料被烧坏等。

（2）药剂、气体等有无泄漏。

（二）定期点检

定期点检由巡查机修，凭感官和专用检测工具定期对设备的技术状态进行检查和测定。定期点检的重点任务是测定设备的劣化程度、精度及性能。主要目的是找出设备的缺陷和故障隐患，确定修理的方案和修理时间，保证设备维持规定的性能。对象主要是重点设备和精、大、稀设备。定期点检卡一般放在巡查机修办公室。

检查点的确定原则及点检施行方法：

通常将设备的关键部位和薄弱环节列为检查点，但这与设备结构、工作条件、生产工艺以及设备在生产中的地位有很大的关系，必须做全面考虑。

进行各项检查时所采用的方法和作业条件是按照点检的要求来制定的，如是否需要对设备进行解体检查，只凭感官检查还是使用检测仪器进行检查，是否需停机检查等；一旦确定下来就成为规范化的作业制度，点检人员（操作者、巡查机修）不得随意改动。

为了保证各项检查工作按期执行，设备动力管理部门要制定点检管理规定，并附带奖惩制度；巡查机修负责检查操作者日常点检卡，设备科长负责检查巡查机修定期点检卡，均要同时提报奖罚名单。

设备点检卡

编号:		设备名称:				位置:						年 月
日期	1 声响	2 振动	3 油压	4 油温	5 清洁	6 安全装置	7 螺丝	8 四漏	9 附件	10 工具	11 本班开机 时间	12 点检人 签字
日												
日												
日												
日												
日												
日												

主管:　　　　　巡查机修:　　　　　　　　　　本月开机统计:

注: 1. 一月一张;
　　2. 1~10项正常划"√",异常划"×";
　　3. 11~12需要具体填写;
　　4. 无异常,每周要交主管查看,异常时每次要交设备员查看;
　　5. 每月填写完后,交设备科保管。

案例 ①

溶气气浮装置操作案例
（含油污水预处理典型设备）

一、背景描述

　　某鸭屠宰及肉制品深加工一体化企业污水厂有一台处理能力为 100 m³/h 溶气气浮装置，溶气释放单元采用溶气泵形式，近期持续一段时间发现溶气释放效果差，气浮装置表面浮渣量明显减少并伴随出水浑浊现象，溶气缓冲罐压力在 0.2~0.5 MPa 之间波动，溶气泵进水流量波动较大，在 7 m³/h 左右（溶气泵额定流量为 12 m³/h），调取近期运行记录气浮装置进出口动植物油含量如图 1.1 所示（8 小时检测一次）。操作和技术人员进行了一系列调整均未明显改观。

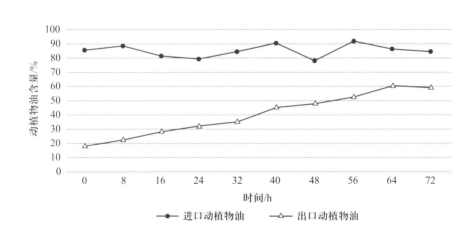

◀图 1.1
溶气气浮装置进出口动植物油含量变化曲线

二、通过学习本案例及回答问题，可提高如下方面

（一）操作技能

　　（1）能识别本案例涉及的机械设备危险源，防止在操作中出现安全事故。

　　（2）能识别本案例涉及的危险化学品，防止在操作中出现安全事故。

　　（3）能进行气浮装置的开车操作，并进行常规维护。

　　（4）能进行气浮装置控制、调节操作，使气浮装置处在最佳状态运行。

（5）能判断出水油含量是否异常，快速找到出现此故障的原因，并进行处理。

（6）能判断溶气缓冲罐压力波动是否异常，快速找到出现此故障的原因，并进行处理。

（7）能处理气浮装置的其他异常现象。

（二）知识方面

（1）溶气气浮装置的工作原理。

（2）溶气气浮装置的工艺参数有哪些？波动范围为多少？

（3）应如何对"出水油含量超标可能的原因"进行分析？从哪些方面进行思考与分析？

（4）在此操作过程中，要使用哪些设备，这些设备的操作原理有哪些？

（5）为什么溶气缓冲罐压力会产生波动，波动在多大范围时会有危险，多大范围属于安全？

（6）从原理上分析气浮装置出水动植物油超标对生化系统产生的影响。

（7）从原理上分析气浮装置日常巡检应完成哪些工作，为什么？

三、通过图标数据和相关异常描述，请分析和回答问题

（1）各行业气浮装置运行过程中出现出水动植物油去除率显著降低可能的原因是什么？

....

....

....

....

....

....

（2）列举本示例溶气缓冲罐压力波动可能的原因。

....

....

....

（3）描述气浮装置出水动植物油长期超标对生化系统的影响。

（4）出现此类问题，说明对气浮装置的日常维护可能存在哪些问题？应如何完善水处理单元的维护操作？

四、解决此类问题的途径与方法（提示）

（1）首先要去企业了解此类工艺原理及相关设备。

（2）利用已有知识和信息页提供的资料进行复习与思考，整理好解题思路。

（3）从信息页和设备原理图中，整理出应用资料。

（4）独立完成问题的解答，并总结出适合自己解决问题的方法。

（5）结合企业具体问题，利用自己总结出的方法，完成同类实际问题（由指导老师或企业专家提出思考题），自己提出解决方案，整理后进行交流沟通。

对自学和整理笔记的评价

序号	配分	评价项目		程度	分值	评价	
		项目	评价点			自评	教评
1	20	笔记的完整性	按信息页的规律进行归纳总结（1~10）	好	8~10		
				一般	5~7		
				明显缺项	1~4		
			结合已学的知识体系进行归纳总结（1~13）	好	10~13		
				一般	7~9		
				明显缺项	1~6		
			结合案例内容进行归纳总结（1~15）	好	10~15		
				一般	5~9		
				明显缺项	1~4		
			根据案例问题，结合技能与知识关系进行归纳总结（5~20）	好	16~20		
				一般	10~15		
				明显缺项	5~9		
			按知识体系进行系统归纳总结（2~15）	好	13~15		
				一般	7~12		
				明显缺项	2~6		
			按技能操作体系进行系统归纳总结（5~20）	好	15~20		
				一般	10~14		
				明显缺项	5~9		
2	30	笔记的思想性	按知识体系为主，解释操作技能的方法进行归纳总结（10~20）	好	17~20		
				一般	14~16		
				明显缺项	10~13		
			按技能操作为主线，用理论知识解决操作问题为辅助进行归纳总结（10~25）	好	20~25		
				一般	15~19		
				明显缺项	10~14		
			以发现技能操作规律或技巧为主线，整理操作要领，并用相关理论加以归纳的方式进行总结（15~30）	好	25~30		
				一般	20~24		
				明显缺项	15~19		
			展示出学习成果（5~25）	好	20~25		
				一般	10~19		
				明显缺项	5~9		
3	50	自学成果展示	在展示学习成果的基础上，还展示出思考过程（10~40）	好	30~40		
				一般	20~29		
				明显缺项	10~19		
			在展示学习成果的基础上，除展示思考外，同时展示解决问题的方法（20~50）	好	40~50		
				一般	30~39		
				明显缺项	20~29		
合　计							

信息页

为了完成本项目的学习，以及充分掌握该案例的内涵，结合企业要求为读者提供了相关信息页供学习参考。

一、名词解释

1. 5S 管理

5S管理是整理（seiri）、整顿（seiton）、清扫（seiso）、清洁（seiketsu）和素养（shitsuke）这5个词的缩写。

整理：将工作场所中的所用物品规范存放；

整顿：定期整理，摆放整齐，加注标识；

清扫：定期清洁工作场所，工作面不得脏污，场所整洁干净；

清洁：将上述3S做法制度化、规范化，并贯彻执行；

素养：要求人人养成良好习惯，依规定执行，培养积极进取的精神面貌。

2. 化学品安全技术说明书

化学品安全技术说明书（MSDS）为化学物质及其制品提供有关安全、健康和环境保护等方面的信息。

3. 危险源辨识

危险源辨识主要是对危险源的识别，对其性质加以判断，对可能造成的危害、影响进行预防，以确保生产安全和稳定。

4. 气浮法

气浮法又称浮选法。其原理是设法使水中产生大量的微气泡，以形成水、气及被去除物质的三相混合体，在界面张力、气泡上升浮力和静水压力差等多种力的共同作用下，促进微细气泡黏附在被去除的微小油滴上后，因黏合体密度小于水而上浮到水面，从而使水中的油粒被分离去除。

5. 气水比

气水比指每小时通入的气体量与每小时水量的比值。如气量100 m³/h，水量10 m³/h，则气水比为10:1。气水比通常是经验值，由污染物浓度及处理负荷决定。

6. 溶气气浮

在一定压力下（一般为28~35 kPa）将气体和要浮选的污水混合，气体通过压力泵剪切成小气泡，以强化在水中的溶解。

二、围绕案例所涉及的知识与理论

（一）安全常识

在实际生产中，气浮过程需要投加一定浓度的聚合硫酸铁溶液（PFS）或一定浓度的聚合氯化铝溶液（PAC），或是一定比例的混合溶液，同时还要加入定量的聚丙烯酰胺（PAM）。聚合硫酸铁、聚合氯化铝及聚丙烯酰胺三种化学品的安全技术说明书如下：

1. 甲醇安全技术说明书

化学品中文名称：甲醇，俗称木醇或木精。

外观与性状：无色、有刺激性气味、易燃、挥发性较强的有机液体。

健康危害：对中枢神经系统有麻醉作用；对视神经和视网膜有特殊的选择作用，引起病变；可致代谢性酸中毒。

急性中毒：短时间大量吸入出现轻度眼上/呼吸道刺激症状（误服有胃肠道刺激症状）；经一段潜伏期后出现头痛、头晕、乏力、眩晕、酒醉感、意识蒙眬、谵妄等症状，甚至昏迷。

视神经及视网膜病变，可有视物模糊、复视等症状，重者失明。代谢性酸中毒时出现二氧化碳结合力下降、呼吸加速等。

慢性中毒：神经衰弱综合征，自主神经功能失调，黏膜刺激，视力减退等。皮肤出现脱脂、皮炎等。

皮肤接触时要及时脱去污染衣着，用肥皂水和大量流动清水彻底冲洗15分钟。

眼睛接触时要提起眼睑，用大量流动清水或生理盐水彻底冲洗至少25分钟后再就医，确认是否需要进行进一步处理。

误食后，应饮足量温水，催吐。用清水或1%硫代硫酸钠溶液洗胃。就医。

甲醇的危险特性是：易燃，其蒸气与空气可形成爆炸性气体混合物，遇明火、高热能引起燃烧爆炸。与氧化剂接触发生化学反应或引起燃烧。在火场中，受热的容器有爆炸危险。其蒸气比空气重，能在较低处扩散到相当远的地方，遇火源会着火回燃。

操作时注意事项：密闭操作，加强通风。尽可能机械化、自动化。操作人员必须经过专业培训，严格遵守操作规程。建议操作人员佩戴自吸过滤式防毒面具（全面罩），穿防静电工作服，戴橡胶手套。远离火种、热源，工作场所严禁吸烟。使用防爆型通风系统和设备。防止蒸气泄漏到工作场所空气中。避免与氧化剂、酸类、碱金属接触。灌装时控制流速和环境温度，且有接地装置，防止静电积聚。配备相应品种和数量的消防器材及泄漏应急处理设备。倒空容器以防可能残留有害物。爆炸极限%（体积分数）上限为44.0%；下限为5.5%。图1.2为标签要素举例。

2. 聚合硫酸铁安全技术说明书

化学品中文名称：聚合硫酸铁。

分子式：$[Fe_2(OH)_n(SO_4)_{3-n/2}]_m$ [其中$n<2$，$m=f(n)$]。

外观与性状：红褐色液体。固体形态：黄色片状、粒状或粉末状固体。

聚合物中硫酸铁含量：20%~21%。

危险特性：具有一定的腐蚀性和刺激性。

◀图1.2
标签要素（象形图）

健康危害：本品对皮肤、黏膜有刺激作用。吸入高浓度可引起支气管炎，个别人可引起支气管哮喘。误服量大时，可引起口腔糜烂、胃炎、胃出血和黏膜坏死。

慢性影响：长期接触可引起头痛、头晕、食欲减退、咳嗽、鼻塞、胸痛等症状。

皮肤接触：立即脱去污染的衣着，用大量流动清水冲洗至少15分钟。就医。

眼睛接触：立即提起眼睑，用大量流动清水或生理盐水彻底冲洗至少15分钟。就医。

3. 聚合氯化铝安全技术说明书

化学品中文名称：聚合氯化铝。

分子式：$[Al_2(OH)_nCl_{6-n}\cdot xH_2O]_m$。

危险物质成分（成分百分比）：29%。

皮肤接触：立即脱去污染的衣着，用大量清水冲洗至少15分钟。

眼睛接触：立即提起眼睑，用大量清水或生理盐水彻底冲洗至少15分钟。

泄漏处理方法：抢救人员必须穿着全身耐酸碱服方可参加抢救工作；环境注意事项是对该地区进行通风换气，移开所有引燃源，报告政府安全卫生与环保相关单位；清理方法为用大量水稀释后排入下水道或废水系统。

4. 聚丙烯酰胺（PAM）安全技术说明书

化学品中文名称：聚丙烯酰胺。

相对分子质量：1000万。

离子性：阳离子螯合剂型聚合物。

外观与性状：白色粒状固体，稀释后呈无色液体，无臭。

皮肤接触：脱去污染的衣着，用肥皂水和清水彻底冲洗皮肤。

眼睛接触：提起眼睑，用流动清水或生理盐水冲洗。就医。

泄漏应急处理：颗粒遇水后变滑，避免人员滑倒摔伤。

（二）机械设备基础知识

1. 曝气设备种类及特点

（1）鼓风曝气设备：使用具有一定风量和压力的曝气风机利用连接输送管道，将空气通过扩散曝气器强制加入液体中，使池内液体与空气充分接触。

（2）表面曝气设备：利用电动机直接带动轴流式叶轮，将废水由导管经导水板向四周喷出并形成一薄片（或水滴状）的水幕，在飞行途中和空气接触形成水滴，在落下时撞击液面，液面产生乱流及大量的气泡，使水中氧含量增加。

（3）潜水射流曝气设备：由曝气设计专用水泵、进气导管、喷嘴座、混气室、扩散管所组成，水流经连接于泵出口之喷嘴座高速射入混气室，空气由进气导管引导至混气室与水流结合，经扩散管排出。

（4）沉水式曝气设备：利用电动机直接传动叶轮之旋转来造成离心力，使附近的低压吸进水流，同时，叶轮进口处也制造真空以吸入空气，在混气室中，这些空气与水混合之后由离心力作用急速排出。

2. 气浮装置一般分为溶气气浮装置、诱导气浮装置

3. 溶气气浮装置功能特点

（1）溶气泵边吸水边吸气，泵内加压混合、气液溶解效率高、细微气泡直径≤30 μm；

（2）低压运行，溶气效率高达99％，释放率高达99％；

（3）微气泡与悬浮颗粒的吸附，提高了固体悬浮物（suspended solids，SS）的去除效果；

（4）溶气水溶解效率为80%~100%，比传统溶气气浮效率高3倍；

（5）压力-容量曲线平坦，容易实现自动控制、易操作、易维护、噪声低。

图1.3为溶气气浮装置示意图。

4. 气浮池的结构

气浮池一般由絮凝室、气泡接触室、分离室三部分组成。分别具有完成水中絮粒的形成与成长，微气泡对絮粒的黏附、捕集，带气絮粒与水的分离等功能。除气浮池本身外，尚需有其他附属设施与之相组合，如压力落气气浮池，需配以压力落气罐及溶气释放器等装置。

（三）工艺原理知识

溶气气浮适用于处理低浊度（50NTU左右）、高色度、高有机物含量、低含油量、低表面活性物质含量或具有富藻类的水。相对于其他的气浮方式，它具有水力负荷高、池体紧凑等优点。但是它的工艺复杂、电能消耗较大、空压机的噪声大等缺点也限制着它的应用。

1. 分类

根据不同的划分原则，溶气气浮有不同的分类。

1）根据气泡从水中析出时所处压力的不同，可分为真空式气浮法与压力式溶气气浮法两种

前者利用抽真空的方法在常压或加压下溶解空气，然后在负压下释放微气泡，供气浮使用；后者是在加压情况下，使空气强制

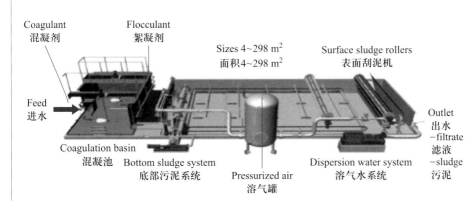

Coagulant 混凝剂　　Flocculant 絮凝剂

Sizes 4~298 m²　面积4~298 m²

Surface sludge rollers 表面刮泥机

◀图1.3
溶气气浮装置
示意图

Feed 进水

Coagulation basin 混凝池

Bottom sludge system 底部污泥系统

Pressurized air 溶气罐

Dispersion water system 溶气水系统

Outlet 出水
–filtrate 滤液
–sludge 污泥

溶于水中，然后突然减压，使溶解的气体从水中释放出来，以微气泡形式黏附上絮粒，一起上浮。

（1）真空式气浮法，虽然能耗低，气泡形成和气泡与絮粒的黏附较稳定；但气泡释放量受限制；而且，一切设备部件都要密封在气浮池内；气浮池的构造复杂；只适用于处理污染物浓度不高的废水（不高于300 mg/L），因此实际应用不多。

（2）压力式溶气气浮法。压力式溶气气浮法是目前国内外常采用的方法，可选择的基本流程有全流程溶气气浮法、部分溶气气浮法和部分回流溶气气浮法三种。

① 全流程溶气气浮法。全流程溶气气浮法是将全部废水用水泵加压，在溶气罐内空气溶解于废水中，然后通过减压阀将废水送入气浮池。它的特点是：a. 溶气量大，增加了油粒或悬浮颗粒与气泡的接触机会；b. 在处理水量相同的条件下，它较部分回流溶气气浮法所需的气浮池小；c. 全部废水经过压力泵，所需的压力泵和溶气罐均较其他两种流程大，因此投资和运转动力消耗较大。

② 部分溶气气浮法。部分溶气气浮法是取部分废水加压和溶气，其余废水直接进入气浮池并在气浮池中与溶气废水混合。它的特点是：a. 与全流程溶气气浮法相比所需的压力泵小，因此动力消耗低；b. 气浮池的大小与全流程溶气气浮法相同，但较部分回流溶气气浮法小。

③ 部分回流溶气气浮法。部分回流溶气气浮法是取一部分处理后的水回流，回流水加压和溶气，减压后进入气浮池，与来自絮凝池的含油废水混合和气浮。它的特点是：a. 加压的水量少，动力消耗省；b. 气浮过程中不促进乳化；c. 矾花形成好，后絮凝也少；d. 气浮池的容积较前两种流程大。

现代气浮理论认为：部分回流溶气气浮法节约能源，能充分利用浮选（混凝）剂，处理效果优于全流程溶气气浮法。而回流比为50%时处理效果佳，所以部分回流（回流比50%）溶气气浮工艺是目前国内外常采用的气浮法。

2）根据气浮池中微气泡污泥层（床）有无过滤作用及水的不同流态分为：早期溶气气浮、普通溶气气浮和紊流溶气气浮

2. 溶气气浮的工艺原理

1）气浮原理

气浮是向水中通入或设法产生大量的微

细气泡，形成水、气、颗粒三相混合体，使气泡吸着在悬浮颗粒上，因黏合体密度小于水而上浮到水面，实现水和悬浮物分离，从而在回收废水中的有用物质的同时又净化了废水。气浮可用于不适合沉淀的场合，以分离密度接近于水和难以沉淀的悬浮物，如油脂、纤维、藻类等，也用来去除可溶性杂质，如表面活性物质。该法广泛应用于炼油、人造纤维、造纸、制革、化工、电镀、制药、钢铁等行业的废水处理，也用于生物处理后分离活性污泥。

悬浮物表面有亲水和憎水之分。憎水性颗粒表面容易吸附气泡，因而可使用气浮。亲水性颗粒用适当的化学药品处理后可以转化为憎水性。水处理中的气浮法常用混凝剂使胶体颗粒结为絮体，絮体具有网络结构，容易截留气泡，从而提高气浮效率。水中如有表面活性剂（如洗涤剂）可形成泡沫，也有吸附悬浮颗粒一起上升的作用。

2）混凝原理

混凝就是向水中投加一些药剂（分为凝聚剂、絮凝剂和助凝剂），通过凝聚剂水解产物压缩胶体颗粒的扩散层，达到胶粒脱稳而相互聚结；或者通过凝聚剂的水解和缩聚反应形成的高聚物的强烈吸附架桥作用，使胶粒被吸附黏结。混凝的作用有4种。

（1）压缩双电层作用。根据DLVO理论，双电层厚度较薄时能降低胶体颗粒的排斥能，如果能使胶体颗粒的双电层被压缩，减少颗粒间相互靠近所需的能量，当胶体颗粒接近时，就可以由原来以排斥为主变成吸引力为主，颗粒就得以凝聚。水中胶体颗粒通常带负电荷，当加入含有高价态正电荷离子的电解质时，其通过静电引力会将原来的低价正离子置换出来，这样虽然双电层中仍保持电中性，但由于正离子数量的减少使双电层的厚度变薄，当胶体颗粒滑动面上的Zeta开始降低，降低到0时，胶体排斥势能完全丧失，即可形成絮凝。

（2）吸附-电中和作用。吸附-电中和作用是指胶体颗粒表面吸附异号离子、颗粒或高分子，从而中和胶体本身所带部分电荷，减少胶体间的经典斥力，使胶体颗粒易于聚沉。这种吸附作用的驱动力包括颗粒间的静电斥力、氢键、配位键和范德华力等，其中胶体特性和被吸附的物质本身结构决定某种作用为主要驱动力。依据吸附电中和作用的机理可推知，胶体颗粒与异号离子先发生吸附作用，然后电性中和，胶体颗粒表面电荷被降为零，当投加过多的絮凝剂时，颗粒表面能超量吸附其水解聚合态，以致颗粒表面电荷反号。当颗粒表面正电荷过多时，凝聚的胶体颗粒会因为静电斥力增大发生再稳定作用。

（3）吸附－架桥作用。吸附－架桥理论对有机高分子聚合物与胶体颗粒产生的絮凝作用进行了解释，即同种电荷的高分子絮凝剂通过化学吸附架桥作用去除带负电的胶体颗粒，胶体颗粒不通过直接接触，由高分子物质将胶体颗粒连接起来。多个胶体颗粒通过结合在一个含有许多活性基团的长链状聚合分子上，以"架桥"方式连接在一起，形成桥联状的粗大絮状物。吸附－架桥作用可细分为三种作用来讨论：① 胶体颗粒与不带电的高分子物质发生吸附－架桥作用，由两者表面产生的吸附力促使其结合，从而增大胶体颗粒产生脱稳现象；② 胶体颗粒与不带电异号电荷的高分子发生吸附－架桥作用，如水中带负电荷的胶体颗粒与带正电荷的阳离子高分子物质吸附桥联脱稳，此时同时具有电中和作用；③ 胶体颗粒与带同号电荷的高分子物质发生吸附－架桥作用，此时，胶体颗粒表面同时带有负电荷及正电荷，虽然总电性依然呈负电性，但胶体表面仍然存在只带正电荷的局部区域，并吸引与胶体颗粒带同号电荷的高分子物质的某些官能团，使胶体颗粒

与高分子物质结合而脱稳。

（4）网捕卷扫作用。絮凝剂水解后形成氢氧化物沉淀时，能将水中的胶体或小颗粒当成晶核或吸附质而网捕。网捕卷扫作用是一种机械作用，除浊率不高，水中胶体颗粒杂质的多少与所需混凝剂量的多少成反比关系。

3. 工艺参数及调整范围的确认

1）加压溶气气浮工艺参数

（1）气浮池的有效水深取 2.0~2.5 m，平流式长宽比一般为 2:1~3:1，竖流式应为 1:1。一般单格宽度不宜超过 6 m，长度不宜超过 15 m。

（2）接触区水流上升速度下端取 20 mm/s 左右，上端取 5~10 mm/s，水力停留时间大于 1 min；接触区隔板垂直角度一般为 70°。

（3）分离区表面负荷（包括溶气水量）宜为 4~6 $m^3/(m^2 \cdot h)$，水力停留时间一般为 10~20 min。

（4）回流溶气水回流比（或溶气水比）应计算确定，一般为 15%~30%。

（5）溶气罐必要时可安装填料，一般采用阶梯环填料，填料层高度应为罐高的 1/2，并不少于 0.8 m，液位控制高为罐高的 1/4~1/2（从罐底计）；溶气罐设计工作压力一般为 0.4~0.5 MPa；溶气罐水力停留时间应大于 2~3 min（有填料

时取低值），应计算确定；溶气罐一般为立式，设计高径比应大于2.5~4.0，有条件时取高值。

2）混凝工艺参数

（1）混凝剂的种类及使用条件

混凝剂的种类及使用条件见表1.1。

（2）混凝剂的使用要点

① 混凝剂品种的选择及用量，应根据污水混凝沉淀试验结果或参照相似水质条件下的运行经验等，经综合比较确定。

② 铁盐和铝盐混凝剂按照使用用途分为I类（饮用水用）和II类（工业用水、废水和污水用）。

③ 硫酸铝的质量要求是氧化铝（Al_2O_3)的质量分数(固体≥15.6%、液体≥7.8%），pH（1%水溶液）≥3.0，使用前要加以验证。

④ 硫酸铝适用于原水pH高或碱度大的水质条件。

⑤ 聚合氯化铝应选用碱化度B值较高的产品。

⑥ 聚合氯化铝的质量要求是碱化度B值应在50%~80%。碱化度B值的计算公式如下：

$$B = \frac{m\left(OH^-\right)}{3\left[m\left(Al^{3+}\right)\right]} \times 100\%$$

式中：B —— 聚合氯化铝的碱化度；

$m\left(OH^-\right)$ —— 聚合氯化铝的[OH]的物质的量；

$m\left(Al^{3+}\right)$ —— 聚合氯化铝的[Al]的物质的量。

⑦ 污水中含重金属离子时应优先选用铁盐混凝剂。

⑧ 铁盐混凝剂使用不能过量，应控制pH等反应条件。

表1.1　混凝剂的种类及使用条件

混凝剂种类		水解产物	使用条件
铝盐	硫酸铝 $Al_2\left(SO_4\right)_3 \cdot 18H_2O$	Al^{3+}、$\left[Al\left(OH\right)_2\right]^+$ $\left[Al_2\left(OH\right)_n\right]^{(6-n)+}$	（1）适用于pH高、碱度大的原水。（2）破乳及去除水中有机物时，pH宜在4~7。（3）去除水中悬浮物时，pH宜在6.5~8。（4）适用水温20~40℃。
	明矾 $KAl\left(SO_4\right)_2 \cdot 12H_2O$		
铁盐	三氯化铁 $FeCl_3 \cdot 6H_2O$	$Fe\left(H_2O\right)_6^{3+}$ $\left[Fe_2\left(OH\right)_n\right]^{(6-n)+}$	（1）对金属、混凝土、塑料均有腐蚀性。（2）亚铁离子须先经氯化成三价铁。（3）当pH较低时须曝气充氧或投加助凝剂氧化。（4）pH适用范围宜在7~8.5。（5）絮体形成较快，较稳定，沉淀时间短。
	硫酸亚铁 $FeSO_4 \cdot 7H_2O$		
聚合盐类	聚合氯化铝 $\left[Al_2\left(OH\right)_nCl_{6-n}\right]_m$ PAC	$\left[Al_2\left(OH\right)_n\right]^{(6-n)+}$	（1）受pH和温度影响较小，吸附效果稳定。（2）pH为6~9适用范围宽，一般不必投加碱剂。（3）混凝效果好，耗药量少，出水浊度低、色度小，原水高浊度时尤为显著。（4）设备简单，操作方便，劳动条件好。
	聚合硫酸铁 $\left[Fe_2\left(OH\right)_n\left(SO_4\right)_{6-n}\right]_m$ PFS	$\left[Fe_2\left(OH\right)_n\right]^{(6-n)+}$	

⑨ 三氯化铁的质量应符合GB/T 4482—2018要求，使用前应验证铁含量（以Fe_2O_3计）。

⑩ 硫酸亚铁作混凝剂应保证原水具有足够的碱度和溶解氧。必要时应曝气充氧或投加氧化剂，通常控制pH大于8~8.5。

⑪ 使用铁盐混凝剂时，应控制药剂中重金属离子及其他污染物，超过指标不得使用。

⑫ 常用的絮凝剂是聚丙烯酰胺（PAM），应用于铝盐、铁盐混凝反应完成后；其用量通常应小于0.3~0.5 mg/L，投加点在反应池末端。

⑬ PAM应设专用的溶解装置，溶解时间应控制在45~60 min，药剂配制浓度应小于2%，水解时间12~24h，配制完成48h后不能再使用。常温下保存、贮存应考虑防冻措施。

⑭ 混凝剂的溶解和稀释方式应由投加量的大小、混凝剂性质确定，宜采用机械搅拌方式，也可采用水力或压缩空气等方式。水力调节的供水水压应大于0.2 MPa，压缩空气调节可控制曝气强度在3~5L/（$m^2 \cdot s$）；石灰乳液的调制不宜采用压缩空气方法。

⑮ 助凝剂可选择氯气（Cl_2）、石灰（CaO）、氢氧化钠（NaOH）等。

氯气的使用条件：当需处理高色度水、破坏水中残存有机物结构及去除臭味时，可在投混凝剂前先投氯气，以减少混凝剂用量；用硫酸亚铁作混凝剂时，可加氯促进二价铁氧化成三价铁。

石灰的使用条件：需补充污水碱度；需去除水中的CO_2，调节pH时；需增大絮凝体密度，加速絮体沉淀时；需增强泥渣脱水性能时。

氢氧化钠的使用条件：需调节水的pH。

（3）混凝工艺的因素

① 水温的影响。水温对混凝效果有明显影响。水温低时，即使增加混凝剂的投加量往往也难以取得良好的混凝效果，生产实践中表现为絮体细小、松散，沉淀效果差。温度对混凝效果产生影响的主要原因为水温影响药剂溶解速度：无机盐混凝剂水解是吸热反应，低温时混凝剂水解困难；水温影响水的黏性：低温水的黏度大，使水中杂质颗粒布朗运动强度减弱，碰撞机会减少，不利于胶粒脱稳凝聚；同时，水的黏度大，水流剪力也增大，影响絮体的成长；水温还对胶体颗粒的水化膜形成有影响：水温低

时，胶体颗粒水化作用增强，水化膜增厚，妨碍胶体凝聚，而且水化膜内的水由于黏度和重度增大，影响了颗粒之间黏附强度。

② pH的影响。对于不同的混凝剂，水的pH的影响程度也不相同。对于聚合形态的混凝剂，如聚合氯化铝和有机高分子混凝剂，其混凝效果受水体pH的影响程度较小。铝盐和铁盐混凝剂投入水中后的水解反应过程，其水解产物直接受到水体pH的影响，会不断产生H^+，从而导致水的pH降低。水的pH直接影响水解聚合反应，亦即影响水解产物的存在形态。因此，要使pH保持在合适的范围内，水中应有足够的碱性物质与H^+中和。天然水中都含有一定的碱度，对pH有一定缓冲作用。当水中碱度不足或混凝剂投量大，pH下降较多时，不仅超出了混凝剂的最佳作用范围，甚至影响混凝剂的继续水解，因此，水中碱度高低对混凝效果影响程度较大，有时甚至超过原水pH的影响程度。所以，为了保证正常混凝所需的碱度，有时就需考虑投加碱剂（石灰）以中和混凝剂水解过程中所产生的H^+。每一种混凝剂对不同的水质条件都有其最佳的pH作用范围，超出这个范围则混凝的效果下降或减弱。

③ 原水水质的影响。对于处理以浊度为主的地表水，主要的水质影响因素是水中悬浮物含量和碱度，水中电解质和有机物的含量对混凝也有一定的影响。水中悬浮物含量很低时，颗粒碰撞概率大大减小，混凝效果差，通常采用投加高分子助凝剂或矾花核心类助凝剂等方法来提高混凝效果。如果原水悬浮物含量很高，如我国西北、西南等地区的高浊度水源，为了使悬浮物达到吸附电荷中和脱稳，铝盐或铁盐混凝剂的投加量将需大大增加，为减少混凝剂投量，一般在水中先投加高分子助凝剂，如聚丙烯酰胺等。

④ 水力条件的影响。从药与水混合到絮体形成是整个混凝工艺的全过程。根据所发生的作用不同，混凝分为混合和絮凝两个阶段，分别在不同的构筑物或设备中完成，实际工程中往往放置于同一构筑物中。在混合阶段，以胶体的异向凝聚为主，要使药剂迅速均匀地分散到水中以利于

水解、聚合及脱稳。这个阶段进行得很快，特别是Al^{3+}、Fe^{3+}盐混凝剂，所以必须对水流进行剧烈、快速的搅拌。要求的控制指标为：混合时间$\leq 5\ min$，通常控制2~3 min，搅拌速度为150~300 r/min；在絮凝阶段，主要以同向絮凝（以水力或机械搅拌促使颗粒碰撞絮凝）为主。由于此时絮体已经长大，易破碎，搅拌强度或水流速度应逐步降低。主要控制指标为搅拌时间$\leq 3\ min$，搅拌强度为50~100 r/min。在实际工程中，也可以采用曝气方式进行混合搅拌。

⑤ 混凝剂投加量。投加量过少效果难以保证，而过多又会造成浪费，对某些混凝剂来说投量过大还会影响混凝效果。混凝剂的最佳投加量是指能达到水质目标的最小投加量。最佳投药量具

有技术经济意义，最好通过烧杯试验确定。如何根据原水水质、水量变化和既定的出水水质目标，确定最优混凝剂投加量，是水厂生产管理中的重要内容。根据实验室混凝烧杯搅拌试验确定最优投加量，简单易行，是经常采用的方法之一。在混凝实验中可用的实验药剂可参考表1.2进行浓度配制。

4. 气浮池的结构组成

压力溶气气浮系统的组成包括：

（1）空气溶解设备：溶气罐、溶气水泵、空压机或射流器等。

（2）空气释放设备：溶气释放器。

（3）气浮池：接触室、分离室、水位控制室、刮渣机、集水管等，如图1.4所示。

5. 流体输送相关内容

1）气体的溶解与释放

溶气气浮是气体不断溶解又不断释放的一种工艺，它利用不同压力下气体在水中的

表1.2 混凝实验中实验药剂参考配制浓度

序号	混凝剂名称	质量浓度/%
1	精制硫酸铝$Al_2(SO_4)_3 \cdot 18H_2O$	5
2	三氯化铁$FeCl_3 \cdot 6H_2O$	5
3	聚合氯化铝$[Al_2(OH)_mCl_{6-m}]$	5
4	化学纯盐酸HCl	10
5	化学纯氢氧化钠NaOH	10
6	聚丙烯酰胺	0.1

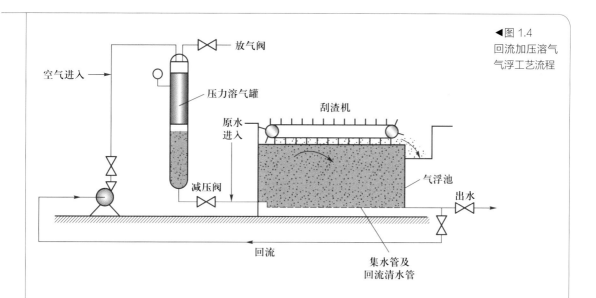

溶解度不同的特性，对全部或部分待处理或处理后的水进行高压加气，进而增加空气在水中的溶解量。然后，将溶有大量空气的水通入加过混凝剂的水中，溶解在水中的空气又在常压下得以释放，析出形成微小气泡，黏附在杂质絮粒上，造成絮粒整体密度小于水而上升，从而促使固液分离。

2）水流的阻力损失

水具有黏滞性，当它在一定的固体边界中流动时，受到固体边界壁面的阻滞和干扰，在水流内部产生流动阻力，阻力做功消耗水流的一部分机械能（转化为热能），单位质量液体的机械能损失称为水流的阻力损失，包括局部阻力损失和沿程阻力损失。在气浮工艺中，水流产生的液位差主要是受局部阻力损失引起的，其原因是污水通过管路中的管件、弯头、阀门时，由于变径、变向等局部障碍，导致边界层分离产生漩涡而造成的能量损失。

（四）本案例应用的机械设备

1. 压力溶气罐

压力溶气罐是一种气浮净水工艺特有的空气溶入装置，为密闭的一类受压容器。在罐内实现水与空气的充分接触传质，使空气溶入水中，尽量达到饱和程度。压力溶气罐有多种形式，一般推荐采用空压机供气的喷淋式填料罐。此种压力溶气罐用普通钢板卷焊而成，其溶气效率比不加填料的约高30%，在水温20~30 ℃范围内，释气量为理论饱和溶气量的90%~99%。填料高度超过0.8 m时，即可达到饱和状态。溶气罐的容积按加压水停留2~3 min计算，直径根据过水断面负荷100~150 m/（m·h）确定，罐高2.5~3 m。

压力溶气罐的可用填料很多，如瓷质拉西环、塑料斜交错淋水板、不锈钢圈填料、塑料阶梯环等。阶梯环具有高的溶气效率，可优先考虑。不同直径的溶气罐，需要配置不同尺寸的填料。填料层高度的增加,对溶气效率会有相应的提高,但层高增至一定程度后,由于传质推动力的降低,效率的提高越来越少,因此,没有必要过多地增加填料层的高度,一般填料高度取 1 m 左右即可。当溶气罐直径超过 500 mm 时,考虑到布水的均匀性,可适当增加填料的高度。由于布气方式、气流流向变化等对填料罐溶气效率几乎无影响,因此,进气的位置及形式一般无需多加考虑。

溶气罐的工作压力一般为 0.25~0.4 MPa。溶气罐的压力与水位均应自动控制,并与溶气水泵联动。溶气罐顶部应设安全阀,底部应设排污阀,溶气罐进水管应设除污器,溶气罐应具压力容器试验合格证方可使用。

2. 溶气水泵

溶气水泵的作用是将水在一定压力下送至压力溶气罐,其压力的选择应考虑溶气罐压力和管路系统的水力损失两部分。溶气水泵应选用压力较高的多级泵,其工作压力为 0.4~0.6 MPa。如采用回流加压溶气过程,泵的回流水量一般是进水量的 25%~50%。

3. 溶气释放器

溶气释放器应能将溶于水中的空气迅速均匀地以细微气泡形式释放于水中,其产生气泡的大小和数量,直接影响气浮效果。空气释放系统是由溶气释放装置和溶气水管路组成,常用的溶气释放装置有减压阀、溶气释放喷嘴、释放器等,见图1.5。释放器应满足水流量的要求,其与溶气罐连接管道应安装快开阀,释放管支管应安装快速拆卸管件,以利清洗。

溶气释放器工作压力在 0.25~0.4 MPa 范围内,释放的气泡细密、均匀,气泡在 1000 mL 量筒中的消失时间应大于 4 min。

4. 空压机

空压机供气是使用较广泛的一种供气方式,其优点是能耗相对较低。溶气罐供气采用空压机,其工作压力为 0.6~0.7 MPa,供气量应满足溶气罐最大溶气量的要求。

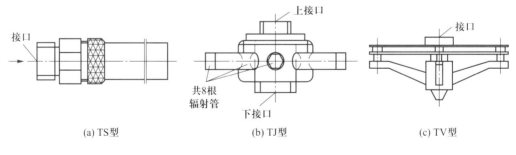

(a) TS型　　　　　(b) TJ型　　　　　(c) TV型

▲图 1.5 溶气释放器类型

5. 气浮池

气浮池是大量微气泡捕捉吸附细小颗粒胶黏物使之上浮，达到固液分离的效果的池子。气浮池内设有接触室、分离室以及水位控制室等。平流式气浮池的池深一般为 1.5~2.5 m，池长 $L \leqslant 15$ m，单格宽 $b \leqslant 10$ m，$L/b \geqslant$（1~2）：1，池深与池宽之比大于 0.3。

① 接触池中，絮体与气泡接触 1~2 min，上升流速 10~20 mm/s。

② 分离室中，气泡带动絮体与污水的分离时间为 10~40 min，表面负荷通常取 5~10 m^3/（m^2·h）。

③ 水位控制室设有调节阀门或水位控制器调节水位，防止出水带泥或浮渣层太厚。

6. 曝气设备种类及特点

（1）鼓风曝气设备：是使用具有一定风量和压力的曝气风机利用连接输送管道，将空气通过扩散曝气器强制加入液体中，使池内液体与空气充分接触。

（2）表面曝气设备：是利用马达直接带动轴流式叶轮，将废水由导管经导水板向四周喷出并形成一薄片（或水滴状）的水幕，在飞行途中和空气接触形成水滴，在落下时撞击液面，液面产生乱流及大量的气泡，使水中含氧增加。

（3）潜水射流曝气设备：曝气设计专用水泵，进气导管、喷嘴座、混气室、扩散管所组成，水流经连接于泵出口之喷嘴座高速射入混气室，空气由进气导管引导至混气室与水流结合，经扩散管排出。

（4）沉水式曝气设备：利用马达直接传动叶轮之旋转来造成离心力，使附近的低压吸进水流，同时，叶轮进口处也制造真空以吸入空气，在混气室中，这些空气与水混合之后由离心力作用急速排出。

7. 刮渣机

气浮池刮渣机是气浮池表面上清除浮渣的设备。刮渣机由于工作在装满污水的气浮池上，位置特殊，工作环境恶劣，故要求设备结构简单，运行可靠，操作维修方便。常用的刮渣机有链条式刮渣机与行车式刮渣机。机械方法刮渣的行车速度宜控制在 5 m/min 以内，刮渣方向应与水流方向相反，使可能下落的浮渣落在接触室。

污水进去气浮池后，先经反应区，通过投药，使小的悬浮颗粒聚集成大的颗粒，然后进入通有溶气水的接触区，溶气水中的微细气泡附着于悬浮颗粒表面，形成相对密度小于水的絮粒，再进入分离区，使它浮出水面，形成废渣。刮渣机就是位于隔离区上方，通过往复运动，将废渣定期刮进排渣槽排掉，以达到污水净化。

在分离区起端刮板放下，插入液面，向

前进行刮渣，将渣刮入排渣槽，到终端是刮板抬起，脱离液面，刮渣机返回，开始下一个循环。

8. 曝气机对比

污水处理厂使用的曝气机有：回转风机、罗茨风机、多级离心风机、单级离心风机和磁悬浮离心风机，它们在企业中的应用情况见表1.3。

（五）电控柜

电控柜是按电气接线要求将开关设备、测量仪表、保护电器和辅助设备组装在封闭或半封闭金属柜中或屏幅上，其布置应满足电力系统正常运行的要求，便于检修，不危及人身及周围设备的安全的控制柜（箱）。正常运行时，可借助手动或自动开关接通或分断气浮设备电路。故障或不正常运行时，借助保护电器切断气浮设备电路或报警。借助测量仪表，在电控柜中可显示气浮设备运行中的各种参数如液位、流量等，还可对某些电气参数进行调整，对偏离正常工作状态进行提示或发出信号。

气浮工艺的自动控制是指在没有人直接参与的情况下，利用外加的PLC电控设备和装置，使压力溶气罐、溶气水泵、溶气释放器、空压机、刮渣机处于某个工作状态或者设定参数自动地按照预定的规律运行，气浮工艺自动控制系统需要包括：

（1）压力溶气罐设流量计、压力表、水位计、安全阀并设水位压力控制器，每台仪器仪表设定参数范围，以实现自动控制和运行。

（2）溶气罐的压力与水位均应自动控制，并与溶气水泵联动。

（3）气浮池设刮渣机、可调节行程开关及调速仪表，以实现自动控制和运行。

（六）分析检测

1. 溶气罐试验

溶气罐的试验按GB 150进行。

2. 溶气水溶释气效率测定

1）溶气水溶释气效率计算公式

$$\eta_a = \frac{\text{实际释气量}}{\text{理论溶气气量}} = \frac{a_e}{p \times 7500 K_t} \times 100\%$$

式中：η_a —— 溶释气效率；

a_e —— 实际释气量，mL/L；

K_t —— 亨利常数，见表1.4；

表1.3　曝气设备对比表

	考察项目	回转风机	罗茨风机	多级离心风机	单级离心风机	磁悬浮离心风机
特点	气量	小	小	中	大	大
	噪声	小	大	中	中	小
	耗能	低	中	低	低	低
	综合	较高	较高	适宜	低	最低
应用		小区处理站	小型水厂	中型水厂	大型水厂	中、大型水厂

表1.4　K_t随温度变化的修正值

温度/℃	0	10	20	30	40
K_t	0.038	0.029	0.024	0.021	0.018

p —— 溶气罐表压，MPa。

2）溶释气量测定装置

溶释气量测定装置如图1.6所示。

3）溶释气效率测定方法

（1）关闭闸阀③和闸阀④，打开阀门②，把溶释气量测定仪充满清水，水位至测定仪所示位置，并把测定仪下部的溶气水进水管接至压力溶气罐的取样管上（即接到0号闸阀管的下口处）。

（2）待压力溶气罐运转正常后，把①号三通闸阀旋转到向下的排水方向，打开0号闸阀，把溶气水由①号三通阀向下排放掉，驱赶进水管中的空气，并观察放出的压力溶气水的正常情况。

（3）待压力溶气水正常后，旋转①号三通阀，让溶气水向上流，进入溶释气效率测定装置内，并在旋转三通阀的瞬间，把1000 mL的量杯接在闸阀②的下面。

（4）待由闸阀②出流流满1000 mL的量杯后，立刻旋开三通阀①，让溶气水向下排掉。

（5）关闭压力溶气罐下的0号闸阀，关闭三通阀①。

（6）静置数分钟，让玻璃装置（b）内的溶气泡全部从水中分离进入集

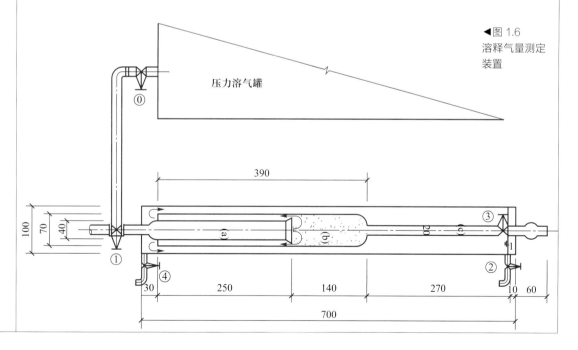

◀图1.6
溶释气量测定装置

水管（c）内，读出并记录集水管的刻度数。

（7）测定并记录测试时的水温，读出并记录压力溶气罐的压力。

（8）重复测定3次，取其溶释气效率的平均值报告。

3. 溶气水气泡消失时间的测定

（1）测量仪器：量程为1000 mL的量筒一只，秒表一只。

（2）打开溶气罐溶气水取样阀门，取溶气水注入量筒中至1000 mL，同时用秒表记录气泡开始消失至目测气泡完全消失时的时间。

（3）取两次重复测量结果的算术平均值报告。

4. 噪声测量

噪声测量按GB/T 10894进行。

5. 处理水量测定

处理水量采用精度等级不低于2.5级的流量计测定。

6. 水质SS的测定

水质SS的测定按GB/T 11901进行。

7. 含油量测定

排放水中含油量的测定按GB/T 16488进行。

8. 装置外观检测

装置的外观按JB/T 2932进行检查。

9. 绝缘电阻测定

绝缘电阻用兆欧表测量。

10. 水位测定

水位测定较多应用的有接触电极法、电容法、超声法、光电法等，其中接触电极法使用最广泛。压力溶气罐中约有0.4 MPa空气压力，溶气水压也在0.35~0.4 MPa范围，使用接触电极会因引出线造成容器密封时的困难和电极防腐的问题。其他方法也多有不利之处，光电传感法虽是可行之法，但经试验得知它对水质要求较高。

（七）岗位操作中的安全注意事项

（1）使用单位在压力容器投入使用前，应按照《压力容器使用登记管理规则》的有关要求，到质量技术监察机构或授权部门逐台办理使用登记手续。

（2）压力容器内部有压力时，不得进行任何维修；需要带温带压紧固螺栓时，或出现泄露需进行带压堵漏时，必须按设计规定制订有效的操作要求和采取防护措施；作业人员应经专业培训持证操作，并经技术负责人批准；在实际操作时，应派专业技术人员进行现场监督。

（3）压力容器操作人员应持证上岗；操作人员应定期进行专业培训与安全生产教育，培训考核工作由盟级质量技术监察机构或授权部门负责。

（4）压力容器发生下列异常现象之一时，操作人员应立即采取紧急措施，按规定的报告程序，及时向有关部门报告。

① 压力容器工作压力、介质温度或壁温超过规定值，采取措施后仍不能得到有效控制的。

② 压力容器的主要受压元件发生裂缝、鼓包、变形、泄漏等危及安全现象的。

③ 安全附件失效，过量充装的。

④ 接管、紧固件损坏，难以保证安全运行的。

⑤ 发生火灾等直接威胁到压力容器安全运行的。

⑥ 压力容器液位超过规定，采取措施后仍不能得到有效控制的。

⑦ 压力容器与管道发生严重振动，危及安全运行的。

（八）分析、归纳与总结

1. 为什么要这样操作

（1）受限废水中含有密度接近于1或者小于1的颗粒或溶胶颗粒污染物，这种类型的污染物无法通过沉淀和过滤的方式去除；

（2）悬浮胶体或颗粒物是疏水性表面，能够同气泡结合，随着气泡上浮被去除；

（3）如果悬浮胶体或颗粒物是亲水性的表面，就需要投加一定量的混凝剂改变表面性质后，再用气泡上浮法进行去除。

2. 类似的操作还有哪些或该方法还能在哪些方面进行应用

气泡浮上法还可以用于颗粒物的浮选工艺，比如矿物的提纯和浮选的过程中。

3. 对哪些方面有提高或借鉴

（1）压力溶气法的容器量及溶气释放效率需要不断提高；

（2）压力溶气的释放器的释放的气泡的粒径需要尽量地小，而且均匀；

（3）自动在线监测系统需要不断完善，监控指标更加全面。

技能学习的总结

序号	评价项目	配分	评价方面		程度	分值范围	评价	
			评价面	评价点			自评	教评
1	安全方面	10分	安全防护和危险源识别	劳动保护用品的佩戴总结	齐全	5~3		
					有缺项	2~0		
				操作前危险源识别注意事项的总结	齐全	5~3		
					有缺项	2~0		
		10分	工艺原理方面	基本原理分类的总结	从原理	2~1		
					从操作	2~1		
				工艺流程总结	岗位	2~1		
					控制点	2~1		
				构筑物功能总结	外形	1		
					结构	1		
2	工艺操作方面	20分	工艺参数	基本工艺参数的总结	工艺参数	3~1		
					设备参数	3~1		
					分析参数	2~1		
				依据具体条件工艺参数的调整总结	正常范围	4~1		
					可能异常	2~1		
				过程仪表参数范围及异常情况的总结	正常现象	2~1		
					异常规律	4~1		
		10分	工艺巡视	规范巡视的工作总结	巡检重点	3~1		
					特殊部位	2~1		
				异常巡视中需要观察的项目总结	可能异常点	3~1		
					特殊异常	2~1		
		6分	机械设备运行	首选设备指标总结（依据）	选择依据全	3~2		
					有缺项	1~0		
				备选设备指标总结（依据）	备选要求全	2~1		
					有缺项	0		
				设备参数范围的总结	最大载荷要求	1		
					有不明确项	0		
3	机械设备方面	5分	机械设备维护保养	设备常规检查总结	运行和静态检查	2~1		
					有缺项	0		
				使用设备常规维护保养工作总结	运行中保养	2~1		
					有缺项	0		
				备用设备的维护保养工作要点总结	周期保养要点	1		
					有缺项	0		

序号	评价项目	配分	评价方面			分值范围	评价	
			评价面	评价点	程度		自评	教评
3	机械设备方面	4分	设备故障判断处理	设备故障判断方法总结	寻找故障点方法	2~1		
					有缺项	0		
				设备故障处理方法总结	快速处理方法	2~1		
					有缺项	0		
4	电气控制方面	10分	安全用电操作	规范进行配电室、电气设备的巡视	电气设备巡视方法	4~2		
					有缺项	1~0		
				规范沟通电气出现异常现象	准确沟通故障现象	4~2		
					事故沟通不完整	1~0		
				配合相关人员处理电气设备故障	及时处理操作现场	2~1		
					操作现场有异物	0		
5	分析检测方面	5分	安全用电操作	总结按规程采集样品工作（代表性）	操作要点与事项	3~2		
					显著缺项	1~0		
				总结快速完成检测任务准确性方法	操作要点与事项	2~1		
					显著缺项	0		
		5分	完成采样检测操作	依据检测结果与仪表显示控制操作	校正配液确认	3~2		
					显著缺项	1~0		
				处理异常（应变）能力总结	数据异常判定	2~1		
					显著缺项	0		
6	应急处理方面	15分	应急处理	安全应急处理总结	全面有条理	10~5		
					有显著缺项	4~0		
				水质、水量应急处理总结	范围项目齐全	10~5		
					有显著缺项	4~0		

自我提升总结
（综合性）

1 各行业气浮装置运行过程中出现出水动植物油去除率显著降低可能的原因是什么?

答:(1)溶气缓冲罐自动放气阀堵塞或损坏,导致缓冲罐积存气体,引起释放效果差。

(2)气浮装置混凝和絮凝单元加药量与处理水量不匹配。

(3)溶气泵进水过滤器堵塞,导致溶气泵流量不稳定,引起压力和释放不稳定。

(4)进水水质、水量出现异常(或存在事故排放情况),导致气浮装置处理效率下降。

(5)气浮装置释放器部分堵塞,导致释放效果不稳定。

(6)气浮装置溶气泵气水比调整比例不在指标范围内。

(7)气浮装置进气管道堵塞。

2 列举本示例溶气缓冲罐压力波动可能的原因。

答:(1)溶气缓冲罐自动放气阀堵塞或损坏,导致缓冲罐积存气体,引起压力波动。

(2)溶气泵进水过滤器堵塞,引起进水流量波动。

(3)溶气释放器堵塞或释放区积泥,引起释放量不稳定。

(4)溶气泵进气管道堵塞。

3 描述气浮装置出水动植物油长期超标对生化系统的影响。

答:会引起生化系统动植物油超出设计负荷,生化系统表面产生大量油性泡沫;引起活性污泥被油脂包裹,降低氧气利用效率和污染物去除率;增加风机负荷和能耗;引起生化系统出水动植物油超标。

4 出现此类问题,说明对气浮装置的日常维护可能存在哪些问题? 应如何完善水处理单元的维护操作?

答(举例):气浮装置日常维护没有对溶气泵进水、进气全面检查;没有对释放器定期清理;没有对自动放气阀检查维修或更换;没有严格根据水量和来水油含量和悬浮物含量调整加药比例;溶气泵气水比调整不到位或调整比例长期不在指标范围内。出现此类问题需检查完善气浮装置操作规范和检、维修规范,按照要求参数操作,按照要求的检维修频次检修。

案例 ②

搅拌强度对出水水质的影响

一、背景描述

　　某污水处理厂深度处理工段工艺为高密度沉淀+纤维转盘+次氯酸钠消毒,设有高密度沉淀池一座,该高密度沉淀池基于斜管沉淀和污泥循环回流技术,将机械混合、机械絮凝、高效沉淀、污泥浓缩、污泥回流等功能结合在一起,实现了相互协调、高效处理的功能。

　　该污水厂设计能力为5万吨,实际日进水水量约4.5万吨,进水总磷浓度为3.5~4.5 mg/L,出水总磷浓度为0.05~0.1 mg/L,除磷主要依靠生物除磷和药剂除磷,除磷药剂为聚合铁盐,日使用量为3.5~4 t。某日该厂运行人员发现出水在线总磷浓度由0.1 mg/L以下升至0.2 mg/L,同时人工检测出水总磷浓度也较以往高,但进水水质、水量无异常变化。经检查酰胺、总磷药剂投加系统及生化处理工段均未发现异常,通过加大铁盐投加量,出水总磷浓度恢复正常。通过对铁盐、酰胺药剂进行质检及絮凝实验,铁盐、酰胺药剂无质量问题。深度处理工段搅拌器、刮泥机、回流泵等设备运行正常,但铁盐用量一直居高不下。

　　最后经对搅拌器电机电流的对比,发现快速混凝搅拌反应区搅拌器桨叶脱落,未能进行有效搅拌。使进水、助凝剂、絮凝剂回流污泥混合不够充分,反应不彻底,不能将水中悬浮物和胶体物质充分聚合为絮体,最终影响出水浊度及悬浮物,导致出水总磷异常。对搅拌器桨叶进行维修后,铁盐用量及出水总磷浓度逐步恢复正常。

　　在该问题解决期间进出水总磷水质、水量及药剂投加量见表2.1。

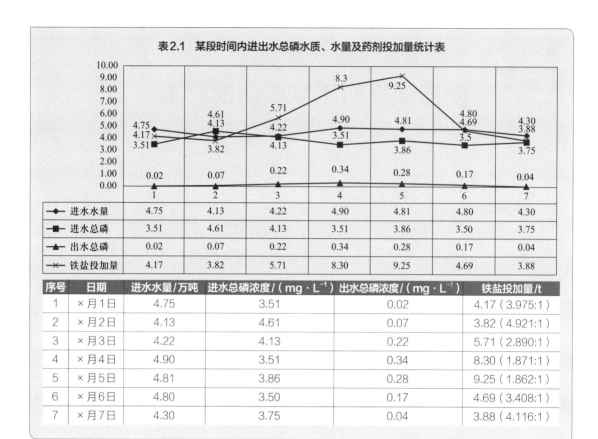

表2.1 某段时间内进出水总磷水质、水量及药剂投加量统计表

	1	2	3	4	5	6	7
◆ 进水水量	4.75	4.13	4.22	4.90	4.81	4.80	4.30
■ 进水总磷	3.51	4.61	4.13	3.51	3.86	3.50	3.75
▲ 出水总磷	0.02	0.07	0.22	0.34	0.28	0.17	0.04
✕ 铁盐投加量	4.17	3.82	5.71	8.30	9.25	4.69	3.88

序号	日期	进水水量/万吨	进水总磷浓度/（mg·L⁻¹）	出水总磷浓度/（mg·L⁻¹）	铁盐投加量/t
1	×月1日	4.75	3.51	0.02	4.17（3.975:1）
2	×月2日	4.13	4.61	0.07	3.82（4.921:1）
3	×月3日	4.22	4.13	0.22	5.71（2.890:1）
4	×月4日	4.90	3.51	0.34	8.30（1.871:1）
5	×月5日	4.81	3.86	0.28	9.25（1.862:1）
6	×月6日	4.80	3.50	0.17	4.69（3.408:1）
7	×月7日	4.30	3.75	0.04	3.88（4.116:1）

二、通过图标数据和相关异常描述，请分析和回答问题

（1）浊度、搅拌、回流与投加沉淀剂量之间应如何控制，可形成较大矾花，
提高去除率（结合数据分析）？

（2）如何能在不排空池水的过程中，发现设备存在运转故障？

（3）存在桨叶严重腐蚀的情况时，应如何进行判断？

（4）从 × 月 1 日—7 日数据变化上看，如何利用控制铁盐的投加量而控制
　　　出水中的总磷量？

三、通过学习本案例及回答问题，可提高如下方面

（一）操作技能

（1）能识别本案例涉及的机械设备危险源，防止在操作中出现安全事故。

（2）能识别本案例涉及使用铁盐安全技术使用说明书，防止在操作中出现安全事故。

（3）能利用高密度沉淀池，通过调节铁盐投加量，降低进入水中的磷含量。

（4）能利用分析检测数据，调节工艺参数，以稳定出水。

（5）能借助分析检测数据，分析并排除设备异常腐蚀情况。

（6）能利用巡检和参考工艺相关数据，及时发现并排除设备异常故障。

（二）知识方面

（1）混凝沉淀的基本原理。

（2）非晶型（粉末型）沉淀条件的控制。

（3）搅拌装置的分类与应用。

（4）水质铁的检测原理及应用。

（5）设备巡检中的注意事项。

（6）设备故障的排除方法及相关要求。

四、解决此类问题的途径与方法（提示）

（1）首先要去企业了解此类工艺原理及相关设备。

（2）利用已有知识和信息页提供的资料进行复习与思考，找出解决问题的关键点。

（3）梳理思路，从信息页中，提取应用信息。

（4）独立完成问题的解答，并总结出适于自己解决问题的方法。

（5）结合企业具体问题，利用自己总结出解决问题的方法，完成同类的实际问题（由指导老师或企业专家提出思考题），自己提出解决方案，整理后进行交流沟通。

为了完成本项目的学习，以及充分掌握该案例的内涵，结合企业要求为读者提供了相关信息页供学习参考。

一、名词解释

（1）SV%：污泥沉降比。

（2）SVI：污泥指数。

（3）MLSS：混合液悬浮固体，是指曝气池中污水和活性污泥混合后的悬浮固体数量，也称混合液污泥浓度。

（4）MLVSS：是指混合液挥发性悬浮固体，即指混合液悬浮固体有机物的质量。

（5）凝聚：在废水中投加带正离子的混凝药剂，大量正离子在胶体粒子之间的存在以消除胶体粒子之间的静电排斥，从而使微粒聚结，这种通过投加正离子电解质的方法，使得胶体微粒相互聚结的过程称为凝聚。

（6）絮凝：是在废水中加入高分子混凝药剂，高分子混凝药剂溶解后，会形成高分子聚合物。这种高聚物的结构是线型结构，线的一端拉着一个微小粒子，另一端拉着另一个微小粒子，在相距较远两个粒子之间起着黏结架桥的作用，使得微粒逐渐变大，最终形成大颗粒的絮凝体（俗称矾花），加速颗粒沉降。

（7）混凝：凝聚与絮凝结合在一起使用的过程为混凝过程。

（8）浊度：是由水中含有微量不溶性悬浮物质，胶体物质等对光线产生吸收或散射，与入射光成90°方向的散射光强度，通过雷莱公式计算，得到的数值。

二、围绕案例所涉及的知识与理论

（一）安全常识

在实际产生中，除需要投加除磷沉淀剂（PFS、PAM）等外（相关资料已在前面案例中介绍），还需要使用石灰石、浓硫酸、钼酸铵、酒石酸锑钾、抗坏血酸等物品，它们的安全技术使用说明书如下：

1. 氧化钙安全技术说明书

化学品中文名称：氧化钙；俗称生石灰。

健康危害：本品属强碱，有刺激和腐蚀作用。对呼吸道有强烈刺激性，吸入本品粉尘可致化学性肺炎。对眼和皮肤有强烈刺激性，可致灼伤。口服刺激和灼伤消化道。长期接触本品可致手掌皮肤角化、皲裂、指甲变形（匙甲）。

当皮肤接触时要立即脱去污染的衣着，

先用植物油或矿物油清洗。用大量流动清水冲洗。

眼睛接触后提起眼睑，用流动清水或生理盐水冲洗并就医。

泄漏时的应急处理，隔离泄漏污染区，限制出入。建议应急处理人员戴防尘面具（全面罩），穿防酸碱工作服。不要直接接触泄漏物。小量泄漏：避免扬尘，用洁净的铲子收集于干燥、洁净、有盖的容器中。大量泄漏：喷雾状水控制粉尘，保护人员。

2. 次氯酸钠安全技术说明书

次氯酸钠又称"次钠"，是一种较强的氧化剂，并具有较强的腐蚀性。

健康危害：经常接触本化学品的工人，会手掌大量出汗，指甲变薄，毛发脱落。次氯酸钠释放出的游离氯可能会引起中毒，因此应在良好通风环境下操作。在高温环境下（室温超过35℃）次氯酸钠会快速分解产生有毒腐蚀性烟气。

泄漏应急处理方法是将大部分人撤离泄漏污染区，只留下必须操作人员处理泄漏现场。建议应急处理人员戴自给式正压呼吸器，穿防酸碱工作服，不要直接接触泄漏物，尽可能快速切断泄漏源。小量泄漏由沙土或其他惰性处理吸收。大量泄漏要挖坑收容，用泵转移至槽车或收集器内。

（二）机械设备基本知识

1. 泵的分类

1）速度泵

也称透平泵。是依靠泵内高速旋转的叶轮将能量传递给被输送的液体介质并提高介质压力泵。按叶轮结构形式及传动方式不同，速度泵主要包括离心泵[见图2.1（a）]、轴流泵[见图2.1（b）]、混流泵[见图2.1（c）]、旋涡泵、屏蔽泵、磁力泵等。由于离心泵结构简单、体积小、质量轻，操作平稳、流量稳定，性能参数范围广，易于制

◀图 2.1
各种类型的速度泵

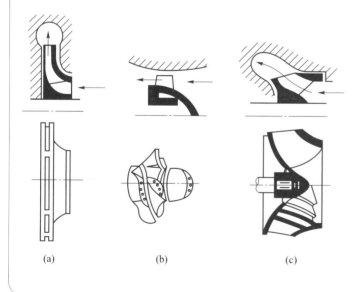

(a)　　　　(b)　　　　(c)

造、便于维修等优点，在各行业中得到广泛运用。

2）容积泵

容积泵是依靠泵工作容积的周期性变化来输送液体的。容积泵又分为往复泵和回转泵两种类型，进一步分类如图2.2所示。

在图2所示的容积泵中，除液环泵是一种气液混合介质输送机器外，其余所有的容积泵都具有以下共同的特点。

（1）平均流量恒定　容积泵的流量只取决于工作容积的变化值及其频率，理论上与排出压力无关（不考虑泄漏），且与介质的温度、黏度等物理、化学性质无关，当泵的转速一定时，泵的流量是恒定的。

（2）泵的压力取决于管路特性　理论上容积泵的排出压力将不受任何限制，即可根据泵装置的管路特性，建立任何排出压力。但由于受到原动机额定功率和泵本身结构强度的限制，为保证工艺及安全生产，泵的排出压力不允许高出泵铭牌上的排出压力。

（3）对输送的液体有较强的适应性　原则上容积泵可以输送任何介质，不受介质物理性质和化学性质的限制。当然，在实际应用中，有时也会遇到不能适应的情况，主要是由于与液体接触的材料和制造工艺及密封技术暂时不能解决，其他类型的泵就不能做到这点。

（4）容积泵具有良好的自吸能力，启动前不需要灌泵。

其他类型泵　这种类型的泵是利用流体静压力或流体动能来输送液体的流体动力泵，主要包括喷射泵、水锤泵等。

2. 离心泵的分类

（1）按工作叶轮数目分　单级泵和多级泵。

（2）按工作压力分　低压泵（低于100 m水柱）、中压泵（100~650 m水柱之间）、高压泵（高于650 m水柱）。

（3）按叶轮进水方式分　单侧进水泵和双侧进水泵。

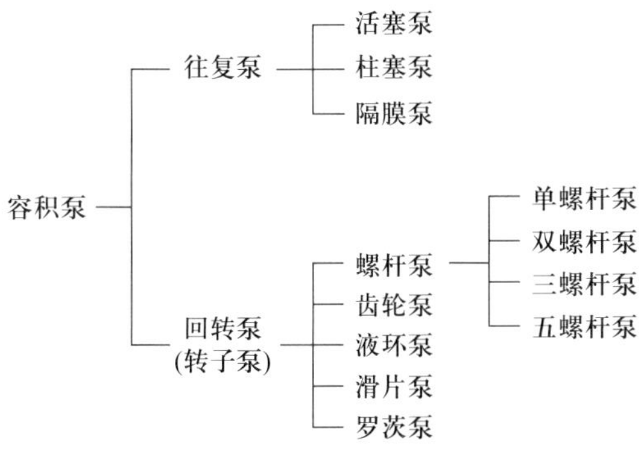

```
                    ┌─ 活塞泵
          ┌─ 往复泵 ─┼─ 柱塞泵
          │          └─ 隔膜泵
          │                       ┌─ 单螺杆泵
 容积泵 ─┤                       ├─ 双螺杆泵
          │          ┌─ 螺杆泵 ─┼─ 三螺杆泵
          │          │           └─ 五螺杆泵
          │          ├─ 齿轮泵
          └─ 回转泵 ─┼─ 液环泵
             (转子泵) ├─ 滑片泵
                      └─ 罗茨泵
```

◀图2.2
容积泵的分类

（4）按泵壳结合缝形成分　水平中开式泵和垂直结合面泵。

（5）按泵轴位置分　卧式泵和立式泵。

（6）按叶轮出流方式分　蜗壳泵和导叶泵。

（7）按安装高度分　自灌式离心泵和吸入式离心泵。

（8）按用途分　如油泵、水泵、凝结水泵、排灰泵、循环水泵等。

（9）按材质分碳钢材质泵、不锈钢材质泵和玻璃钢材质泵等。

3. 几种常见泵的工作原理及应用介绍

水处理企业中常见的泵有离心泵、螺杆泵、齿轮泵、活塞泵、柱塞泵等，它们有各自的特点与应用，见表2.2。

4. 搅拌的分类

（1）按搅拌功能分为混合搅拌、扰动搅拌、悬浮搅拌、分散搅拌。

（2）按搅拌方式分为机械搅拌、水力搅拌、气体搅拌、磁力搅拌。

（3）按搅拌目的分为溶药搅拌、混合搅拌、絮凝搅拌、澄清搅拌、消化搅拌、水下搅拌。

（4）按液体的循环流动形式分为轴向流和径向流。

5. 常见的搅拌器分类

常见的有旋桨式搅拌器、涡轮式搅拌器、桨式搅拌器、锚式搅拌器。

（三）工艺原理知识

1. 混凝及化学除磷

1）混凝基本原理

混凝（coagulation），是指投加混凝剂，在一定水力条件下完成水解、缩聚反应，使水中的悬浮小颗粒（粒径大于100 nm）和胶体（粒径1~100 nm）凝聚成大的颗粒（粒径大于10 μm）脱稳和凝聚的过程。

混凝法是工业废水处理、生活污水化学除磷和自来水净化常用的处理方法。混凝的主要去除对象是水中的细小悬浮颗粒和胶体，这些污染物质粒径小，沉降效果差，很难用自然沉降法去除，通过加入药剂产生较大的颗粒，则易于沉淀去除。

（1）废水中胶体的稳定性。胶体的稳

表2.2　常见泵的工作原理及应用

内容	离心泵	回转泵		往复泵	
		螺杆泵	齿轮泵	活塞泵	柱塞泵
工作原理	旋转叶片用惯性离心力作用	螺旋槽与孔壁形成密封腔并沿轴向推进	啮合齿轮转到产生空间将液体挤入到管中	靠动力带动活塞在泵缸内作往复运动	靠动力带动柱塞在泵缸内作往复运动
特点	管内负压	摆线啮合	齿轮啮合	活塞往复运动流量不可调	效率高流量可调
应用	液体输送	高黏液固	高黏液体	无固体颗粒液体	无固体颗粒液体
问题	气蚀现象	整体更换	泄漏现象	效率低、能耗大	噪声大、能耗大

定性，是胶体颗粒在水中长期保持分散悬浮状态的特性。胶体（包括微小颗粒）由于具有稳定性，因而很难用重力沉淀法予以去除。

进一步分析，胶体的稳定性主要分为两种：动力学稳定性和聚集稳定性。

胶体动力学稳定性，是由于颗粒布朗运动导致的稳定性。在废水中，粒径较大的、密度大于水的颗粒，布朗运动微弱，在重力作用下很快下沉。随着粒径变小，颗粒布朗运动变得越来越剧烈，沉降效果越来越差，这种现象称为动力学稳定性。颗粒越小，动力学稳定性越高。为了使颗粒沉降下来，应该增大颗粒粒径。

聚集稳定性，是由于胶体颗粒之间不能聚集的特性。胶体颗粒分为憎水性的和亲水性的，两者都带有电荷。一般水体中的胶体颗粒带负电荷，如黏土、细菌、病毒、藻类、腐殖质等。对憎水性胶体颗粒而言，聚集稳定性主要取决于胶体颗粒表面的 ζ 电势。常见胶体的 ζ 电势如下：黏土胶体，40~15 mV；细菌，−70~30 mV；藻类，−15~10 mV。

ζ 电势愈高，同性电荷斥力愈大，小颗粒愈难碰撞结合形成大颗粒。ζ 电势可用电泳法或激光多普勒电泳法测定。

对亲水性胶体，如有机胶体或高分子物质，胶体的电性对水分子有强烈吸附，使胶体颗粒周围包裹一层较厚的水化膜，阻碍胶体相互靠近，水化作用是亲水性胶体聚集稳定的主要原因。

（2）混凝机理。对混凝脱稳、凝聚、絮凝有四种解释：压缩双电层、吸附电中和、吸附架桥、网捕作用。

① 压缩双电层。废水中存在负电荷胶体颗粒，投加带正电荷离子或聚合离子的铁盐或铝盐电解质，如果正电荷离子是简单离子，如 Al^{3+}、Fe^{2+}、Ca^{2+}、Na^{+}，其作用是压缩胶体双电层，使胶体 ζ 电势降低至临界电势，胶体颗粒发生聚集作用，这种脱稳方式称为压缩双电层作用。

② 吸附电中和。投加的铁盐或铝盐混凝剂，在水中形成带正电的聚合离子和多核羟基配合物，这些物质会吸附在胶体颗粒表面，中和胶体的负电，降低 ζ 电势，使胶体脱稳凝聚。当水中加入过多的铁盐或铝盐混凝剂，水中原来带负电荷的胶体可变成带正电荷的胶体而出现胶体重新稳定的再稳现象。因此，混凝过程投加的混凝药剂要适量，是一个范围，这可根据废水水质情况进行现场试验，得出合适的混凝剂投加范围。

③ 吸附架桥。投加的线性高分子

絮凝剂由于结构上较长，能使多个胶体颗粒被附着在其表面，起着粒间架桥作用。高分子投加过少不足以将胶体颗粒架桥连接起来，投加过多时，将产生"胶体保护"作用。废水处理中应根据水质情况摸索出高分子投加量范围。

④ 网捕作用。当投加铝盐或铁盐混凝剂发生混凝反应形成较大的矾花，水中的微细颗粒被矾花网捕、卷扫一起沉淀分离。这是一种机械作用。

在水处理中，这四种作用不是独立的，往往多种同时起作用，只是程度不同，在一定情况下以某种作用为主。

由以上机理可知，胶体混凝过程发生凝聚和絮凝两个过程，凝聚是胶体脱稳聚集过程，絮凝（flocculation）指完成凝聚的胶体在一定水力条件下相互碰撞、聚集或投加少量絮凝剂助凝，以形成较大絮状颗粒的过程。混凝是凝聚和絮凝的总称。在概念上可以这样理解，但在废水处理中很难明确划分。

2）化学除磷原理

生活污水除磷的方法主要有两种：生物除磷和化学除磷。

生物除磷是控制一定的条件，让聚磷菌在生化池大量吸收磷，然后在二沉池聚磷菌以污泥的形式沉淀下来，通过排泥的方式将磷从污水中去除。

化学除磷，通过加入化学药剂，使磷与化学药剂反应生成固体沉淀物，然后以混凝沉淀的形式从污水中去除。

生物除磷和化学除磷各有优缺点。生物除磷成本低但难以控制，管理不好出水会超标；化学除磷易于控制但增加药剂成本，且泥量增加。大部分污水处理厂采用生物除磷和化学除磷相结合的工艺。

化学除磷技术有两类：混凝沉淀除磷技术和晶析法除磷技术。生活污水处理厂以混凝沉淀除磷技术为主。

混凝沉淀除磷技术有三种：铝盐混凝除磷、铁盐混凝除磷和石灰混凝除磷。

（1）铝盐混凝除磷。在废水中加入硫酸铝或聚合氯化铝（PAC），铝离子和正磷酸离子反应，生成磷酸铝沉淀，化学反应方程式如下：

$$Al^{3+} + PO_4^{3-} \longrightarrow AlPO_4 \downarrow$$

铝盐在水中水解，生成氢氧化铝沉淀。

$$Al^{3+} + 3OH^- \longrightarrow Al(OH)_3 \downarrow$$

可通过污泥回流，使氢氧化铝与磷酸根反应生成磷酸铝沉淀，充分利用污泥的吸附性能，提高铝盐的利用率和磷酸根的去除效果。

$$Al(OH)_3 + PO_4^{3-} \longrightarrow AlPO_4 \downarrow + 3OH^-$$

（2）铁盐混凝除磷。常用的铁盐有硫酸铁或聚合硫酸铁（PFS），化学反应方程式如下：

$$Fe^{3+} + PO_4^{3-} \longrightarrow FePO_4 \downarrow$$

也有污水处理厂用聚合硫酸铝铁（PAFS）作为除磷药剂。

（3）石灰混凝除磷。向污水中投加石灰，与磷酸根反应，形成羟基磷灰石 $[Ca_5(OH)(PO_4)_3]$ 沉淀物，方程式如下：

$$5Ca^{2+}+4OH^-+3HPO_4^{2-} \longrightarrow$$
$$Ca_5(OH)(PO_4)_3 \downarrow + 3H_2O$$

3）混凝药剂

混凝药剂指为使胶体失去稳定性和脱稳胶体相互聚集所投加的药剂统称。

（1）常用的无机盐类混凝剂见表2.3。

（2）常用的有机合成高分子絮凝剂及天然絮凝剂见表2.4。

（3）计算实例

例1：污水处理厂设计水量为10000 m^3/d，进水中的P浓度为14 mg/L，出水P浓度要求达到1 mg/L。设计采用沉析药剂三氯化铝 $AlCl_3$，其有效成分为6%（60 g/kg$AlCl_3$），密度为1.3 kg/L。为同步沉析，试计算所需要的药剂量。

解：经过初次沉淀池沉淀处理后去除的磷为2 mg/L，则生物处理设施进水的P浓度为11 mg/L，经过生物同化作用去除的P为1 mg/L。则需经沉析去除的：

P负荷=10000 m^3/d·（0.011−0.001）kg/m^3=100kg/d

设计采用投加系数 β 值为1.5，

表2.3　常用无机盐类混凝剂

	名称	水解产物	适用条件
铝盐	明矾 $KAl(SO_4)_2 \cdot 12H_2O$	Al^{3+}、 $[Al(OH)_2]^+$、 $[Al_2(OH)_n]^{(6-n)+}$	去除水中悬浮物 pH 宜控制在6.5~8。适宜水温20~40 ℃。破乳及去除水中有机物时，pH宜在4~7之间。
铁盐	硫酸亚铁 $FeSO_4 \cdot 7H_2O$	$Fe(H_2O)_6^{3+}$、 $[Fe_2(OH)_n]^{(6-n)+}$	对金属、混凝土、塑料均有腐蚀性。pH的适用范围宜在7~8.5之间。絮体形成较快，较稳定，沉淀时间短，对某些染料有较好的脱色效果。出水微黄。
聚合盐	聚合硫酸铁 $[Fe_2(OH)_n(SO_4)_{3-n/2}]_m$ 代号：PFS	$[Fe_2(OH)_n]^{(6-n)+}$	受pH和温度影响小，吸附效果稳定；pH为6~9，适应范围宽。混凝效果好，耗药量少。设备简单，操作方便，劳动条件好。

表2.4　常用有机高分子混凝剂及天然絮凝剂

名称	分子式及代号	基本性能
聚丙烯酰胺	$[CH_2CH(CONH_2)]_n$ 代号：PAM	高效高分子絮凝剂，相对分子质量可达450万~1800万，有阴离子、阳离子、非离子和两性四类，分子结构为线性，废水处理中常用阴离子型，污泥脱水中常用阳离子型。在废水处理中常与铁盐或铝盐混凝剂配合使用，效果显著。
絮凝脱色剂	代号：脱色 I 号	属于聚胺类高度阳离子化的有机高分子絮凝剂，对于印染废水、染料废水具有较好的脱色效果。
天然植物改性絮凝剂	F691	白胶粉

设计 Al 的投加量为：$1.5 \times (27/31) \times 100 = 130$（kg/d）

折算需要 $AlCl_3$ 药剂量为：130×1000 g/d/60 g/kg = 2167 kg/d

折算需要 $AlCl_3$ 体积量为：2167 kg/d/1.3 kg/L = 1667 L/d

例 2：设计采用药剂硫酸亚铁 $FeSO_4$，有效成分为 180 $gFe/kgFeSO_4$，在 10 ℃ 时的饱和溶解度为 400 $gFeSO_4/L$，其他设计参数同例 1。

解：设计采用投加系数 β 值为 1.5，

设计 Fe 的投加量为：$1.5 \times 5631 \times 100 = 270$（kg/d）

折算需要 $FeSO_4$ 药剂量为：270×1000 g/d/180 g/kg = 1500 kg/d

饱和溶液中的有效成分为：180 g/kg · 0.4 kg/L = 72 $gFe/LFeSO_4$

折算需要 $FeSO_4$ 体积量为：1500 · 1000 g/d/72 g/L = 20833 L/d

（4）常用的助凝剂。助凝剂（coagulant aid），指在水的沉淀、澄清过程中，为改善絮凝效果，另投加的辅助药剂。

常用助凝剂有 pH 调整剂、絮体结构改良剂和氧化剂。pH 调整剂有 H_2SO_4、CaO、Ca（OH）$_2$、NaOH、Na_2CO_3 等；絮体结构改良剂有活性硅酸、水玻璃、粉煤灰、黏土等；氧化剂有 Cl_2、NaClO、Ca（ClO）$_2$ 等。见表 2.5。

在一般情况下，絮体结构改良剂和氧化剂使用得较少。

混凝药剂的选择。目前废水处理中常用的 pH 调整剂为氢氧化钠和石灰，混凝剂为 PAC 或硫酸亚铁，絮凝剂为阴离子 PAM。生活污水除磷混凝剂主要有硫酸铝、PAC、PFS、PAFS 等。乳化液废水混凝破乳反应、印染废水脱色反应宜选择无机盐混凝剂，如硫酸铝、三氯化铁或硫酸亚铁。造纸白水的纸浆回收、化工废水中的大分子有机物以及涂装废水中涂料的凝聚等宜采用聚合氯。

混凝药剂的选择、加入量和加入顺序，应根据水质性质不同进行试验确定，在废水处理过程中，由于废水中污染物成分和浓度是动态变化的，应根据混凝出水效果做相应调整。

2. 影响混凝效果的因素

影响废水混凝处理效果的因素比较多，主要有：废水水质、混凝药剂性质、水力条件等。

表 2.5 常用的助凝剂

名称	分子式	基本性能
生石灰	CaO	用于调整废水 pH。
活化硅酸	$Na_2O \cdot SiO_2 \cdot yH_2O$	适用于硫酸亚铁和铝盐混凝剂，可缩短混凝沉降时间，减少混凝剂投加量。
次氯酸钠	NaClO	可破坏水中的有机物和去除色度；可使 Fe^{2+} 变成 Fe^{3+}。

1）pH的影响

不同混凝药剂，废水的pH对其混凝效果影响程度不同。同时，还与废水中胶体性质有关。适宜废水的pH，应试验确定。一般情况，对PAC，适宜的pH范围是5~9，聚合硫酸铁适宜的pH范围是7~9.5。

2）水温的影响

水温高低对混凝效果有一定的影响。水温较高时，水的黏度降低，布朗运动加快，增加胶体颗粒碰撞机会，有利于混凝过程。反之亦反。当水温较低（低于5 ℃），混凝效果明显变差，应通过增加药量和提高搅拌强度，或投加助凝剂来强化混凝。加热和保温也是可选项，但成本较高。

3）共存物质的影响

有利于混凝的共存物质。如：无机盐等，能压缩胶体颗粒扩散层厚度，促进胶体颗粒凝聚。

不利于混凝的共存物质。磷酸根离子、亚硫酸根离子、高级有机酸离子等阻碍高分子絮凝作用。另外水溶性高分子物质、表面活性剂和螯合物等不利于混凝。

4）混凝药剂种类及投加量

一般情况下，将无机铝盐（或铁盐）与PAM组合使用混凝效果较好，且可减少药剂投加量。对有些类型的废水，也可只投加无机混凝剂或有机絮凝剂，这要对废水做试验，确定混凝药剂和投加量。

对所有废水，都存在混凝药剂投加量范围问题。一般情况，普通铁盐和铝盐是10~100 mg/L，聚合盐为普通盐的1/3~1/2，有机高分子絮凝剂为1~5 mg/L。实际投加量根据混凝出水效果相应调整。混凝药剂若投加过多，容易造成胶体再稳，降低混凝效果。

5）投加顺序对混凝效果的影响

一般情况，无机混凝剂和有机高分子混凝剂组合使用，投加顺序为：先加碱调pH，然后投加无机混凝剂，最后投加高分子混凝剂。实际废水，也应试验确定合适的投加顺序。

3. 水力条件

混凝过程是混凝药剂的水解、胶体脱稳过程，混凝药剂被加入废水中后，需要快速、充分地与废水混合，然后是絮凝体的增大的反应过程，混合过程和反应过程对水力条件要求不同。

甘布（T.R.Camp）和斯泰因（P.C.Stein）研究了紊流状态下搅拌强度对混凝效果的影响，得出甘布公式：

$$G = (P/\mu V)^{1/2}$$

式中，P 为搅拌对流体输入的功率，W；

μ 为水的动力黏度，Pa·s；

V 为混凝池的有效容积，m³；

G 为速度梯度，s⁻¹。

一般情况下，混合阶段的 G 为500~1000 s⁻¹，搅拌时间为10~30 s，絮凝反应阶段的 G 为10~200 s⁻¹，搅拌时间为10~30 min。实际工程中，若采用搅拌机搅拌，主要是控制搅拌机的转速，一排连续三个池体，加碱和加PAC池搅拌机转速为40~500 r/min，加PAM池为150~250 r/min，停留时间都为10~30 min。另外，通过改变搅拌器的桨叶形式、尺寸和个数，也能改变混合效果，但同时要匹配搅拌器的电机。

4. 混凝工艺及设备

混凝工艺一般包括：混凝药剂的配制与投加、混合、絮凝反应、矾花分离四个过程。

混凝剂投加分为固体投加和液体投加两种方式，一般采用液体投加。因此，固体药剂应溶解后配成一定浓度的溶液投加。

溶药在溶药池（槽）内完成，溶药池体积可按下式计算：

$$W_1 = (0.2\text{~}0.3)W_2$$

式中，W_1 为溶药池体积，m^3；

W_2 为加药池（罐）体积，m^3。

为加速药的溶解，溶药池应安装搅拌装置，有机械搅拌、压缩空气搅拌和水力搅拌三种，可根据情况选用。空气搅拌，应控制曝气强度在3~5 L/（$m^2 \cdot s$），石灰乳液配制不宜采用压缩空气方法。

加药池（罐）容积可按下式计算：

$$W_2 = \frac{24 \times 100aQ}{1000 \times 1000cn} = \frac{aQ}{417cn}$$

式中，a 为混凝剂最大投加量，按无水产品计，mg/L，石灰最大用量按CaO计；

Q 为处理的水量，m^3/h；

c 为药液浓度，一般采用5%~20%（按混凝剂固体质量计算），或采用5%~7.5%（扣除

结晶水计），石灰乳采用2%~5%（按纯CaO计）；

n 为每日调制次数，应根据混凝剂投加量和配制条件等因素确定，一般不宜超过3次。

溶药池及加药池内壁需进行防腐处理。一般内壁涂衬环氧玻璃钢、辉绿岩、耐酸胶泥贴瓷砖或聚氯乙烯板等，当所用药剂腐蚀性不太强时，亦可采用耐酸水泥砂浆。废水处理混凝药剂含有杂质，溶药池及加药池池底坡度应不小于0.02，池底应有排渣管，池壁应设超高模板，以防止溶液溢出。

一般采用加药泵加药，也可用泵前投加、水射器或高位槽加药。pH调节可用pH控制系统控制，其他药剂采用阀门调节。

5. 混凝工艺运行管理

（1）定期巡查，观察矾花生成和沉淀池沉淀效果情况，发现异常，应及时采取措施。观察设备运转是否正常，包括温升、响声、振动、电压、电流等，发现问题及时检查排除，并做好设备维修保养记录。观测搅拌机运转是否正常，搅拌轴及叶轮有否锈蚀或损坏，根据搅拌机电流判断桨叶是否脱落。

（2）经常检查溶药系统和加药系统的运行情况，及时排出溶药池和加药池池底的沉渣，防止堵塞。若发现加药管道堵塞，应及时解决。

（3）定期做混凝试验，检查药剂投加

量对混凝效果的影响，及时调整混凝剂种类、剂量、pH或搅拌机转速、桨板（叶轮）的大小及中心距等参数。

（4）根据形成矾花的大小、形态，合理调整混凝剂及助凝剂的投加量，调整搅拌机转速、桨板（叶轮）半径等参数以保证混凝效果。

（5）做好池体及设备防腐工作。

（6）当冬季水温较低时，混凝效果变差，可采取增加混凝剂药量，还可投加混凝助剂，提高混凝效果。应经常检查加药管运行情况，防止冻裂。

（7）定期取样分析水质指标，如：水温、pH、SS、COD、关键金属离子等，分析加药量与处理效果的关系。必要时增加色度、表面活性剂、油、原水ζ电势的测试。

（8）注意观测计量泵运转是否正常，计量仪表显示是否正确。

（9）注意检查检测与控制设备是否运行正常。

（10）检查反应池内是否有积泥现象，必要时调整隔板的间距或排泥。

（11）应保持设备各运转部位的润滑状态，及时添加润滑油、除锈；发现漏油、渗油情况应及时解决。

（12）做好日常运行记录，包括：处理水量、进出水水质、加药量、矾花大小及沉淀效果等。

混凝工艺常见异常现象及对策见表2.6。

6. 矾花分离

可采用重力沉降或气浮实现絮体分离，重力沉淀一般有：平流式沉淀池、竖流式沉淀池、辐流式沉淀池和斜管沉淀池等。

7. 过滤

过滤（filtration）是指借助粒状材料或多孔介质截除水中杂质的过程。在废水处理中，过滤主要用于去除微小悬浮颗粒，也可以去除细菌和胶体等。

过滤过程，水中的污染物主要通过以下三种作用被去除：

（1）筛滤作用。滤料空隙起着筛子的作用，能筛除污水中粒径较大的固体颗粒。

（2）沉淀作用。一定高度的滤料的空隙空间，可抽象认为是沉淀池，污水部分颗粒在滤料空隙沉淀截留。

表2.6 混凝工艺常见异常现象及对策

异常现场	可能原因	解决措施
絮凝池末端絮体适中，沉淀池出水有絮体	1.沉淀池水量过大 2.沉淀池水流短路	1.增加沉淀池运营个数或时间 2.查明短路原因，进行改进
絮凝池末端絮体细小，沉淀池沉淀效果差	1.絮凝池pH过低 2.混凝剂投加量不足或过多 3.水温太低 4.絮凝反应搅拌强度过大	1.调整pH范围 2.调整混凝剂用量 3.补加混凝助剂 4.调整搅拌机转速

（3）接触吸附作用。滤料具有一定的吸附能力，表面积非常大，污水中的污染物质在空隙流动中，会被吸附到滤料颗粒表面，从而被去除。

实际过滤过程，这三种作用都会发生，对不同性质的颗粒作用强弱不用。

（四）本案例应用的机械设备

混合（mixing）指使投入的药剂迅速均匀地扩散于处理水中以创造良好的水解反应条件。药剂加入水中后，要快速均匀混合。混合可采用机械搅拌混合、混合器混合或水泵混合，也有采用空气搅拌混合。

1. 机械搅拌混合设备

1）搅拌设备

机械搅拌混合是在池内安装搅拌装置，以电动机驱动搅拌装置使混凝药剂和废水充分混合的过程。机械混合搅拌机如图2.3所示。搅拌装置可选用桨板式、螺旋桨式和透平式。

（1）搅拌器桨型。搅拌器类型有桨式、涡轮式和推进式三种。见表2.7。

d—搅拌器直径（m）；b—搅拌器桨叶宽度（m）；L—搅拌器桨叶长度（m）；z—搅拌器桨叶数（片）；v—搅拌器外缘线速度（m/s）；s—搅拌器螺矩（mm）；θ—桨叶和旋转平面所成的角度（°）；n—搅拌器转速（r/min）。

（2）搅拌器相关计算

① 桨叶式搅拌器的直径一般按下式选择：$d = (1/3 \sim 2/3) D$

式中，d 为搅拌器桨叶直径，m；

D 为搅拌池当量直径，m。

② 搅拌池的有效容积，按下式

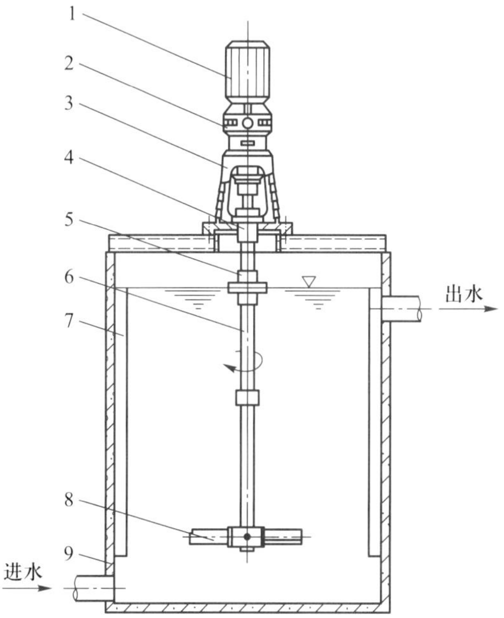

◀图2.3
机械混合搅拌机

1—电动机；2—减速器；3—机座；4—轴承装置；
5—联轴器；6—搅拌轴；7—挡板；8—搅拌器；
9—搅拌池

表2.7 搅拌器类型表

桨型		示意图	结构参数	常用运转条件	流动状态与特性
桨式	平直叶		d/D=0.35~0.8；b/d=0.1~0.25；z=2；θ=45°、60°（折叶）	n=1~100 r/min；v=1.0~5.0 m/s	低速时以水平环向流为主，速度高时为径流型。
	折叶				有轴向分流、径向分流和环向分流。
涡轮式	平直叶		$d:L:b$=20:5:4；z=4、6、8；d/D=0.2~0.5，常取0.33	n=10~300 r/min；v=4.0~10.0 m/s	桨叶主要产生径向流。
推进式			d/D=0.2~0.5，常取0.33；s/d=1或2；z=2、3、4，常取3	n=100~500 r/min；v=3.0~15.0 m/s	轴流型，循环速度高，剪切作用小。

计算：$V=Qt$

式中，V 为搅拌池有效容积，m^3；

Q 为废水流量，m^3/s；

t 为混合时间，s。若池体仅仅作为混合使用，一般可为 10~30 s，若混合池可与絮凝反应池合建，则为 15~30 min。

③ 当搅拌池为矩形时，其当量直径为：$D=(4LB/\pi)^{1/2}$

式中，L 为搅拌池长度，m；

B 为搅拌池宽度，m。

机械混合池在设计及运行过程中应避免水流与桨叶同步旋转而降低混合效果，可采取的措施有：加中心导流筒或池体边壁加挡板。

④ 混合效率计算

混合有效功率，可按下式计算：$N_Q=$

$\mu QtG/1000$

式中，N_Q 为混合搅拌的有效功率，kW；

　　　μ 为水的动力黏度，Pa·s；

　　　Q 为混合搅拌池流量，m^3/s；

　　　t 为混合时间，s；

　　　G 为速度梯度，s^{-1}。

⑤ 搅拌器功率计算

搅拌器功率 N 按式下式计算：

$$N = nC_s\frac{\rho\omega^3 bR^4\sin\theta}{408g}; \quad \omega = \frac{2v}{d}$$

式中，N 为搅拌器功率，kW；

　　　C_s 为阻力系数，$C_s \approx 0.2\sim0.5$；

　　　ρ 为水的密度，kg/m^3；

　　　ω 为搅拌器旋转角速度，rad/s；

　　　n 为搅拌器桨叶数；

　　　b 为搅拌器桨叶宽度，m；

R 为搅拌器半径，m；

g 为重力加速度，$9.81\ m/s^2$；

θ 为桨板折角，°；

v 为搅拌器外缘线速度，m/s；

d 为搅拌器直径，m。

⑥ 电动机功率计算

电动机功率 N_A 按下式计算：$N_A = KN/\eta$

式中，N_A 为电动机功率，kW；

　　　K 为电动机工况系数，连续运行时，取 1.2；

　　　η 为机械传动总效率，%，$\eta=0.5\sim0.7$。

2）管式混合器混合

管式混合器有多种形式，常用的管式混合器为"管式静态混合器"，如图 2.4 所示。

混合器内安装若干迷宫式混合单元，每

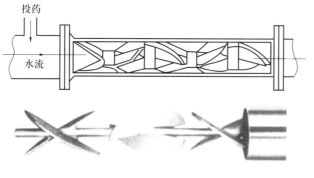

◀图 2.4
管式静态混合器

一混合单元由若干螺旋叶片焊接而成。废水和药剂在混合单元内混合，被单元多次分割、改向形成紊流，达到混合的目的。混合器内废水流速一般为1.0~1.5 m/s，投药点后的管内水头损失不小于0.3~0.4 m；投药点至管道末端絮凝池的距离应小于60 m。该混合器水头损失较大，但可立体排列，占地小，混合好，对用地紧张的废水处理站可采用。缺点是：当流量过小，混合效果下降，故在实际操作时，应保证废水流量。

3）水泵混合

药剂投加在提升泵吸水管或喇叭口处，利用水泵叶轮高速旋转以达到快速混合目的。优点是：不需另建混合池，节省动力。但若废水和混凝药剂对水泵有腐蚀作用，故废水处理中较少采用。

4）混合设备的选型

混合设备的选型应根据污水水质情况和相似条件下的运行经验或通过试验确定。

（1）机械混合适用于废水成分复杂、水质水量多变的情况，混合池可与絮凝反应池合建。

（2）管式混合器混合适用于废水水量稳定、不含纤维类物质，水泵有富余水头可利用的情况。

（3）水泵混合适用于废水泥沙含量少、悬浮物浓度低，水泵离反应设备近的情况。

5）絮凝反应设备

污水处理中常用絮凝反应有：机械搅拌絮凝池、竖流折板絮凝池、网格（栅条）絮凝池、隔板絮凝池等。

（1）机械搅拌絮凝池

同机械搅拌混合池，立式搅拌机如图2.5所示。

主要设计参数如下：

① 反应池一般应设三格以上。各格设相应挡数的搅拌器，搅拌器多用垂直轴。

② 桨叶可为平板型、叶轮式，桨叶中心线速度应为0.5~0.2 m/s，各格线速度应逐渐减小。

③ 垂直轴式的上桨板顶端应设于池子水面下0.3 m处，下桨板底端设于距池底0.3~0.5 m处，桨板外缘与池侧壁间距不大于0.25 m。

④ 每根搅拌轴上桨板总面积宜为水流截面积的10%~20%，不宜超过25%，桨板的宽长比为1/15~1/10。

⑤ 垂直轴式机械反应池应在池壁设置固定挡板。

⑥ 反应池单格宜建成方形，单边尺寸宜 > 800 mm，池深一般为2.5~4 m，池边应设检修平台。

机械搅拌絮凝池适用于中小水量污水与各类工业废水混凝处理，可与沉淀池或气浮池合建；易于根据水质水量的变化调整水力

1—电动机；2—摆线针轮减速机；3—十字滑块联轴器；
4—机座；5—上轴承；6—轴；7—夹壳联轴器；
8—框式搅拌器；9—水下底轴承

接压力水管

条件；可根据反应效果调整药剂投加点，改善絮凝效果。

（2）竖流折板絮凝池

池体内安装折板，水在折板间隙边流动，边混合，边反应，形成絮体。折板安装有两种类型：同波折板（波峰对波谷）和异型波折板（波峰相对）。

折板间距应根据水流速度由大到小改变，折板之间水流速度通常可分段设计，段数不宜少于3段，各段流速可分别为：

第一段：0.25~0.35 m/s；

第二段：0.15~0.25 m/s；

第三段：0.10~0.15 m/s。

折板夹角为90~120°，波高一般为0.25~0.4 m，板长0.8~1.5 m。折板可用钢丝网水泥板或塑料板拼装而成，也可用PVC波纹板。在板型组合方式上，三段可依次采用异波折板、同波折板及平行直板。

竖流折板絮凝池应用较广泛，适用于水量变化不大的大中型污水处理厂（站）。

（3）网格（栅条）絮凝池

网格（栅条）絮凝池，把池体分隔成多格竖井，每格竖井安装多层网格或栅条，各竖井之间的隔墙上，上下交错开孔。每个竖井内的网格或栅条数自进水端至出水端逐渐减少。当水流通过网格或栅条时，通过流道的收缩与扩大，形成漩涡，造成颗粒碰撞，达到絮凝目的。网格可分为三段，前段、中段、末段，网格或栅条数可分别为16层、10层、4层。上下两层间距为60~70 cm，每格的竖向流速前段至末段由0.20~0.10 m/s逐步递减。三段的网孔或栅孔流速分别为0.25~0.30 m/s、0.22~0.25 m/s、0.10~0.22 m/s。

网格（栅条）絮凝池适用于中小水量污水絮凝处理，可与沉淀池或气浮池合建，含纤维类、油类物质较多的污水不宜采用本反应池。在运行过程存在网眼堵塞、网格上滋生藻类现象。

也可将上述絮凝池组合使用，相互补充，取长补短。

2. 过滤设施和设备

常用的过滤设施有过滤池、过滤罐、保安过滤器等，膜处理技术（微滤、超滤、纳滤、反渗透等）广义上讲也属于过滤。同样，板框压滤、带式脱水、转鼓过滤等也属于过滤。

（1）滤池分类

① 按滤料的分层分类。

② 按滤速分类。

③ 按作用水头分类。

④ 按水流经过滤层的方向分类。

⑤ 其他类型滤池。

在城镇污水处理厂，纤维转盘滤池用得较多。纤维转盘过滤如图2.6所示。

纤维转盘滤池设在沉淀池后，消毒池前，目的是进一步去除沉淀池流出的悬浮固体。该过滤系统主要由：过滤池、过滤转盘、中心出水转筒、旋转机械装置、反冲洗装置等组成。纤维转盘滤池有如下特点：过滤效果好；滤头损失小（0.2~0.3 m）；占地面积小；工程投资省；运行费用低；反冲洗效率高，耗水率低、周期短；易于施工安装、操作和管理。

（2）过滤池的主要组成部分

主要包括：滤料层、承托层、配水系统、反冲洗系统。

① 滤料层。滤料（filtering media）是过滤池拦截污染物的粒状材料多空介质。水处理常用的滤料是石英砂，也有采用纤维球、陶粒、无烟煤等作为滤料。滤料材料的基本要求：a. 足够的机械强度。要求反

▲图2.6
纤维转盘滤池

冲洗的时候不至于严重摩擦损耗。b. 一定化学稳定性。滤料应不和废水发生化学反应，也不应被废水浸出污染物质。c. 合适的粒径级配。粒径大小适当，分布均匀。

② 承托层。承托层（graded gravel layer）是为防止滤料漏入配水系统，在配水系统与滤料层之间铺垫的粒状材料，主要作用是：承托滤料，防止漏料，同时起着反冲洗均匀布水的作用。承托层材料主要为天然卵石或砾石。

③ 配水系统。配水系统主要是配给反冲洗水，使之均匀分布池体，达到对滤料有效冲洗的目的。按支管开孔率a大小，一般分为三种情况：大阻力配水系统：$a=0.20\%\sim0.25\%$；中阻力配水系统：$a=0.60\%\sim0.80\%$；小阻力配水系统：$a=1.00\%\sim1.50\%$。

④ 反冲洗系统。滤池工作一段时间后，由于滤料截留的絮体填充滤料空隙，导致滤速变慢，需进行反冲洗。反冲洗的目的是清除滤料截留的污染物质，使过滤系统恢复过滤能力。快滤池反冲洗的方式有如下几种：水冲，气冲—水冲，气水冲—水冲，水冲—气水冲—水冲，气冲—气水冲—水冲，表

▲图 2.7
长短柄滤头

◀图 2.8
预制滤板

◀图 2.9
整体浇筑滤板

面扫洗—水冲等。气水反冲主要用于粗滤料的冲洗，目的是节省反冲洗用水。

（五）电控柜

电控柜是按电气接线要求将开关设备、测量仪表、保护电器和辅助设备组装在封闭或半封闭金属柜中或屏幅上，其布置应满足电力系统正常运行的要求，便于检修，不危及人身及周围设备的安全的控制柜（箱）。正常运行时，可借助手动或自动开关接通或分断气浮设备电路。故障或不正常运行时，借助保护电器切断气浮设备电路或报警。借助测量仪表，在电控柜中可显示离心泵设备运行中的各种参数如流速、流量等，还可对某些电气参数进行调整，对偏离正常工作状态进行提示或发出信号。

此外通过对搅拌系统和加药系统的控制，以到达工艺控制的要求。同时还要控制在线检测中的如pH、磷含量、浊度等的测定。

（1）通过对离心泵流速、流量、循环量等参数的控制，完成流体输送的工艺参数控制；

（2）通过对搅拌器、加药量的控制，实现混凝除磷的目的；

（3）通过pH、浊度、磷含量测定等在线仪表检查设备的控制，实现工艺过程自动控制和运行的监控。

（六）分析检测

1. pH的测定

pH的测定是电势分析法中的直接电势法的典型例子。

1）基本原理

由两支电极与溶液组成电池。其中指示电极为pH玻璃膜电极，参比电极为饱和甘汞电极。

其电池组成表示如下：

$$Ag, AgCl \mid HCl \mid \underbrace{玻璃膜 \mid 试液溶液}_{\varphi_{玻璃}} \underbrace{\| \; KCl(饱和)}_{\varphi_{液接}} \underbrace{\mid Hg_2Cl_2(固), Hg}_{\varphi_{甘汞}}$$

则电池电动势为

$$E = E_{甘汞} - E_{玻璃} + E_{液接}$$

$$= E_{Hg_2Cl_2/Hg} - \left(E_{AgCl/Ag} + E_{膜} \right) + E_{液接}$$

$$= E_{Hg_2Cl_2/Hg} - E_{AgCl/Ag}$$

$$- K - \frac{2.303RT}{F} \lg a_{H^+} + E_{液接}$$

因为 $E = K' + \dfrac{2.303RT}{F} pH$

所以25℃时：$E = K' + 0.059pH$

式中常数 K' 包括：外参比电极电势；内参比电极电势；不对称电势；液接电势。

由于不对称电势、液接电势无法测得，所以不能由上式通过测量 E 求出溶液pH。通常采用比较法。

2）用比较法来确定pH（pH的实用定义）

用两种溶液：pH已知的标准缓冲溶液s和pH待测的试液x，分别测定各自的电动势为

$$E_s = K'_s + \frac{2.303RT}{F}pH_s;$$

$$E_x = K'_x + \frac{2.303RT}{F}pH$$

若测定条件完全一致，则 $K'_s = K'_x$，两式相减得

$$pH_x = pH_s + \frac{E_x - E_s}{2.303RT / F}$$

式中 pH_s 已知，实验测出 E_s 和 E_x 后，即可计算出试液的 pH_x。

我们把上式 pH 公式应用于实际，则强调测定时，溶液温度尽量保持恒定，并选用与待测溶液 pH 接近的标准缓冲溶液时，检测结果就会更加准确。

2. 浊度测定

浊度是表现水中悬浮液对光线透过时所发生的阻碍程度。水中含有泥土、粉尘、微细有机物、浮游动物和其他微生物等悬浮物和胶体物都可使水中呈现浊度。本浊度仪（浊度计）采用 90° 散射光原理。由光源发出的平行光束通过溶液时，一部分被吸收和散射，另一部分透过溶液。与入射光成 90° 方向的散射光强度符合瑞利公式：

$$I_s = (KNV_2) / \lambda \times I_0$$

式中，I_0 为入射光强度；

I_s 为散射光强度；

N 为单位溶液微粒数；

V 为微粒体积；

λ 为入射光波长；

K 为系数。

在入射光恒定条件下，在一定浊度范围内，散射光强度与溶液浑浊度成正比。浊度仪的光学系统由一个钨丝灯、一个用于监测散射光的 90° 检测器和一个透射光检测器组成。仪器微处理器可以计算来自 90° 检测器和透射光检测器的信号比率。该比率计算技术可以校正因色度和/或吸光物质（如活性炭）产生的干扰和补偿因灯光强度波动而产生的影响，可以提供长期的校准稳定性。光学系统的设计也可以减少漂移光，提高测试的准确性。

3. 在线总磷检测

磷的测定是经由水中聚磷酸盐和其他含磷化合物，在高温、高压的酸性条件下水解，生成磷酸根；对于其他难氧化的磷化合物，则被强氧化剂过硫酸钠氧化为磷酸根。磷酸根离子在含钼酸盐的强酸溶液中，生成一种锑化合物，这种化合物被抗坏血酸还原为蓝色的磷钼酸盐。测量磷钼酸盐的吸光度，和标准比较，就得到样品的总磷含量。

（1）定时（可设置/调整）采集水样至预处理室，加入试剂进行消化处理；

（2）将已处理好溶液冷却并打入到检测室，与检测试剂作用[量程为 0~2、0~5、0~10、0~30（mg/L）四挡中的任意一挡中]，进行比色。

（3）将吸光度值与仪器中的工作曲线比较，计算出测定结果；

（4）清洗前处理室、检测室及管路，

准备做下一组检测。

注：① 在进行数据检测前，应先进行质控样品检测，以确认检测结果正确可信；

② 检测过程中，如发现数据异常，必须保留原溶液，并与人工（离线）检测进行比对，确认存在的问题；

③ 在异常数据没有确认之前，不得再进行在线检测。

（七）岗位操作中的安全注意事项

工艺操作人员应该注意次钠的腐蚀性，以及在环境温度升高后，次钠会发生分解而释放出有毒的氯气。为此存放液体次氯酸钠的储罐应放在通风、背阴处，且最好远离人行通道。

（八）分析、归纳与总结

（1）在巡检过程中，应注意哪些现象？

① 未在控制室搅拌器电流波动时发现出问题；

② 在巡检的过程中，未从搅拌器发出的响声、振动及搅拌杆摆动中，发现桨叶掉落问题；

③ 未从翻动的泥浆中观察出异常。

（2）对于设备管理方面有何启示？

显然在设备管理与维护方面，存在维护不到位的现象，车间与检修方面均存在问题，要从管理制度、日常维护保养、异常事故的处理处置等方面进行制定的完善与改进。

（3）这类问题出现对我们有哪些借鉴与警示？

技能学习的总结

序号	评价项目	配分	评价面	评价点	程度	分值范围	自评	教评
1	安全方面	10分	安全防护和危险源识别	劳动保护用品的佩戴总结	齐全	5~3		
					有缺项	2~0		
				操作前危险源识别注意事项的总结	齐全	5~3		
					有缺项	2~0		
2	工艺操作方面	10分	工艺原理方面	基本原理分类的总结	从原理	2~1		
					从操作	2~1		
				工艺流程总结	岗位	2~1		
					控制点	2~1		
				构筑物功能总结	外形	1		
					结构	1		
		20分	工艺参数	基本工艺参数的总结	工艺参数	3~1		
					设备参数	3~1		
					分析参数	2~1		
				依据具体条件工艺参数的调整总结	正常范围	4~1		
					可能异常	2~1		
				过程仪表参数范围及异常情况的总结	正常现象	2~1		
					异常规律	4~1		
		10分	工艺巡视	规范巡视的工作总结	巡检重点	3~1		
					特殊部位	2~1		
				异常巡视中需要观察的项目总结	可能异常点	3~1		
					特殊异常	2~1		
3	机械设备方面	6分	机械设备运行	首选设备指标总结（依据）	选择依据全	3~2		
					有缺项	1~0		
				备选设备指标总结（依据）	备选要求全	2~1		
					有缺项	0		
				设备参数范围的总结	最大载荷要求	1		
					有不明确项	0		
		5分	机械设备维护保养	设备常规检查总结	运行和静态检查	2~1		
					有缺项	0		
				使用设备常规维护保养工作总结	运行中保养	2~1		
					有缺项	0		
				备用设备的维护保养工作要点总结	周期保养要点	1		
					有缺项	0		

序号	评价项目	配分	评价方面			分值范围	评价	
			评价面	评价点	程度		自评	教评
3	机械设备方面	4分	设备故障判断处理	设备故障判断方法总结	寻找故障点方法	2~1		
					有缺项	0		
				设备故障处理方法总结	快速处理方法	2~1		
					有缺项	0		
4	电气控制方面	10分	安全用电操作	规范进行配电室、电气设备的巡视	电气设备巡视方法	4~2		
					有缺项	1~0		
				规范沟通电气出现异常现象	准确沟通故障现象	4~2		
					事故沟通不完整	1~0		
				配合相关人员处理电气设备故障	及时处理操作现场	2~1		
					操作现场有异物	0		
5	分析检测方面	5分	安全用电操作	总结按规程采集样品工作（代表性）	操作要点与事项	3~2		
					显著缺项	1~0		
				总结快速完成检测任务准确性方法	操作要点与事项	2~1		
					显著缺项	0		
		5分	完成采样检测操作	依据检测结果与仪表显示控制操作	校正配液确认	3~2		
					显著缺项	1~0		
				处理异常（应变）能力总结	数据异常判定	2~1		
					显著缺项	0		
6	应急处理方面	15分	应急处理	安全应急处理总结	全面有条理	10~5		
					有显著缺项	4~0		
				水质、水量应急处理总结	范围项目齐全	10~5		
					有显著缺项	4~0		

自我提升总结
（综合性）

1　浊度、搅拌、回流与投加沉淀剂量之间应如何控制，可形成较大矾花，提高去除率（结合数据分析）？

答：为保证深度处理出水水质稳定达标，需要保证沉淀阶段的沉淀效果，要在絮凝阶段中形成较大絮体，然而絮体大小的形成与沉淀剂铁盐的一次投加量大小有关，同时与水体的 pH 有关，还与铁盐沉淀剂的分散速度（即搅拌力）有关。它们之间单因素的关系是：

（1）实验室内通过条件性实验，可知搅拌器的搅拌功率以 1200~1600 r/min（与浊度有关）基本上为最佳区间，大则絮体成碎片，小则成细碎粉末；

（2）铁盐的投加量，当在二沉池中投加铁盐时，投加量控制在 2.70 kgFe/kgP（铁、磷的一次投加比例）为宜；

（3）二沉池的 pH 控制在 8~9 范围较为适宜。

2　如何能在不排空池水的过程中，发现设备存在运转故障？

答：在巡检过程中，需要对回流液的流动状态，搅拌器搅拌杆的运动状态，电机的转动噪声和电机电流表的波动等方面进行观察。

3　存在桨叶严重腐蚀的情况时，应如何进行判断？

答：通过对水质中铁离子检测，对比检测数据，可以初步确认设备的腐蚀和投加铁盐量等情况的监控；

4　从 × 月 1 日 -7 日数据变化上看，如何利用控制铁盐的投加量而控制出水中的总磷量？

答：从实验数据（见下页表格）分析可以发现，当铁盐的投加量与除磷比控制在（3.8~4.2）:1 之间时（二次投加量），磷的残留量可降低到 0.03 mg/L 左右，同时效益也是最佳。

序号	进水水量/万吨	进水总磷浓度/（mg·L⁻¹）	出水总磷浓度/（mg·L⁻¹）	铁盐投加量/t
1	4.75	3.51	0.02	4.17（3.975:1）
2	4.13	4.61	0.03	4.72（4.011:1）
3	4.22	4.13	0.01	4.23（4.111:1）
4	4.90	3.51	0.02	3.42（3.985:1）
5	4.81	3.86	0.01	3.37（4.213:1）
6	4.80	3.5	0.02	2.75（3.786:1）
7	4.30	3.75	0.03	3.47（4.015:1）

案例 ③

全自动隔膜厢式压滤机操作案例

一、背景描述

  某工业园区集中式污水厂有两台全自动隔膜厢式压滤机，某操作人员在正常压泥过程中，发现其中一台进泥螺杆泵压力上不去，压滤机出液口流量低，泵压力曲线见图3.1。操作人员进行了多处调整，包括提高螺杆泵变频，检查均质池液位（经检查液位正常），检查螺杆泵进口是否堵塞（经检查未堵塞），但还是没有解决运行中出现的问题，经综合考虑进泥螺杆泵存在机械问题的可能性较大，操作人员停机后通知设备维修人员进行维修处理，维修后螺杆泵出口压力正常，开机正常脱泥，运行一段时间后又出现螺杆泵本体和出口管道震动问题并伴随出口超压（螺杆泵额定压力为1.8 MPa），维修后泵压力曲线见图3.2。

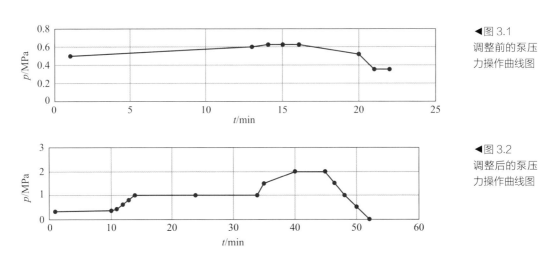

◀图 3.1
调整前的泵压力操作曲线图

◀图 3.2
调整后的泵压力操作曲线图

二、通过学习本案例及回答问题，可提高如下方面

（一）操作技能

  （1）能识别本案例涉及的机械设备危险源，防止在操作中出现安全事故。

（2）能利用螺杆泵及阀门组进行打混合泥浆和冲洗管路的切换操作。

（3）能利用柱塞泵及阀门组进行打混合泥浆和冲洗管路的切换操作。

（4）能利用全自动隔膜厢式压滤机进行泥的脱水操作。

（5）能及时发现板框和滤布存在的问题并及时处理。

（6）能发现全自动隔膜厢式压滤机泵、阀门等部件的异常现象，并及时进行处理。

（7）能判断电控设备出现的异常状况，并及时与相关人员进行沟通。

（二）知识方面

（1）了解水处理厂污泥的产生及基本特性。

（2）从泥的循环到大饼的流程及所涉及的设备。

（3）全自动隔膜厢式压滤机（板框式压滤机）工艺流程图。

（4）全自动隔膜厢式压滤机（板框式压滤机）工作原理。

（5）泵的类型与选择。

（6）板框式与滤布的选择与使用。

（7）全自动隔膜厢式压滤机（板框式压滤机）操作及工艺控制。

（8）设备检查、检修工作流程及相关制度。

（9）这些设备常出现的故障及处理方法和处理方法的思路。

（10）应从这些知识中总结出哪些技能？

三、通过这两张图及现象说明，请分析和回答问题

（1）出现图 1.3 螺杆泵出口压力低的情况应从哪几个方面进行检查与调整？

....

....

....

....

....

....

（2）列举螺杆泵出口压力低可能的原因。

（3）螺杆泵本体和出口管道震动可能存在什么问题，需要从哪几方面查找问题？

（4）出现此类问题，说明对压滤机的日常维护可能存在哪些问题？应如何完善设备的维护操作？

四、解决此类问题的途径与方法（提示）

（1）首先要去企业了解此类工艺原理及相关设备。

（2）利用已有知识和信息页提供的资料进行复习与思考，整理好解题思路。

（3）从信息页和设备原理图中，整理出应用资料。

（4）独立完成问题的解答，并总结出适于自己解决问题的方法。

（5）结合企业具体问题，利用自己总结出解决问题方法，完成同类的实际问题（由指导老师或企业专家提出思考题），自己提出解决方案，整理后进行交流沟通。

对自学和整理笔记的评价

序号	配分	评价项目		程度	分值	评价	
		项目	评价点			自评	教评
1	20	笔记的完整性	按信息页的规律进行归纳总结（1~10分）	好	8~10		
				一般	5~7		
				明显缺项	1~4		
			结合已学的知识体系进行归纳总结（1~13分）	好	10~13		
				一般	7~9		
				明显缺项	1~6		
			结合案例内容进行归纳总结（1~15分）	好	10~15		
				一般	5~9		
				明显缺项	1~4		
			根据案例问题，结合技能与知识关系进行归纳总结（5~20分）	好	16~20		
				一般	10~15		
				明显缺项	5~9		
2	30	笔记的思想性	按知识体系进行系统归纳总结（2~15）	好	13~15		
				一般	7~12		
				明显缺项	2~6		

序号	配分	评价项目		程度	分值	评价	
		项目	评价点			自评	教评
2	30	笔记的思想性	按技能操作体系进行系统归纳总结（5~20）	好	15~20		
				一般	10~14		
				明显缺项	5~9		
			按知识体系为主，解释操作技能的方法进行归纳总结（10~20）	好	17~20		
				一般	14~16		
				明显缺项	10~13		
			按技能操作为主线，用理论知识解决操作问题为辅助进行归纳总结（10~25）	好	20~25		
				一般	15~19		
				明显缺项	10~14		
			以发现技能操作规律或技巧为主线，整理操作要领，并用相关理论加以归纳的方式进行总结（15~30）	好	25~30		
				一般	20~24		
				明显缺项	15~19		
3	50	自学成果展示	展示出学习成果（5~25）	好	20~25		
				一般	10~19		
				明显缺项	5~9		
			在展示学习成果的基础上，还展示出思考过程（10~40）	好	30~40		
				一般	20~29		
				明显缺项	10~19		
			在展示学习成果的基础上，除展示思考外，同时展示解决问题的方法（20~50）	好	40~50		
				一般	30~39		
				明显缺项	20~29		
合 计							

为能完成本项目的学习，结合企业要求和充分掌握该案例内涵，我们给大家提供了相关信息页，供学习参考之用。

一、名词解释

1. 螺杆泵

螺杆泵也称"螺旋扬水机""阿基米德螺旋泵"。利用螺旋叶片的旋转，使水体沿轴向螺旋形上升的一种泵。

2. 板框压滤机

板框压滤机是最先应用于泥-水混合脱水的机械。由于其具有过滤推动力大、滤饼的含固率高、滤液清澈、固体回收率高等特点，被一些小型污水厂广泛应用。

3. 隔膜压滤机

隔膜压滤机是滤板与滤布之间加装了一层弹性膜的压滤机。

4. 污泥调理剂

污泥调理剂是一种能改变污泥表面结构，降低污泥固体表面负荷，降低污泥表面比表面积，破坏细菌结构的化学药剂。

二、围绕案例所涉及的知识与理论

（一）安全常识

案例1和案例2已介绍了一些水处理最常用的化学试剂，因此这里只介绍前面没有介绍过的危险化学品的安全技术说明书。

氢氧化钠安全技术说明书

化学品中文名称：氢氧化钠；俗称烧碱、火碱、苛性钠。

外观与性状：白色固体片（颗粒或棒状），在空气中极易吸潮变成液体，强腐蚀性。

健康危害：本品具有强烈刺激和腐蚀性。粉尘刺激眼和呼吸道，腐蚀鼻中隔；皮肤和眼直接接触可引起灼伤；误服可造成消化道灼伤，黏膜糜烂、出血和休克。

消防危险特性：与酸发生中和反应并放热。遇潮时对铝、锌和锡等金属有腐蚀性，并放出易燃易爆的氢气。本化学品不会燃烧，遇水和水蒸气大量放热，形成腐蚀性溶液，具有强腐蚀性。

泄露应急处理：隔离泄漏污染区，限制出入。建议应急处理人员戴自给式呼吸器，穿防酸碱工作服。不要直接接触泄漏物。小量泄漏，避免扬尘，用洁净的铲子收集于干燥、洁净、有盖的容器中。也可以用大量水冲洗，洗水稀释后放入废水系统；大量泄漏，收集回收或运至废物处理场所处置。

（二）机械设备基础知识

1. 螺杆泵

螺杆泵的装置包括原动机、变速传动装置和螺旋泵三部分，具体是由螺旋叶片、泵轴、轴承座和外壳组成的。螺旋泵倾斜装在上、下水池之间，螺旋泵的下端叶片浸入水面以下。当泵轴旋转时，螺旋叶片将水池中的水推入叶槽，水在螺旋的旋转叶片作用下，沿螺旋轴一级一级往上提升，直至螺旋泵的出水口。螺旋泵只改变流体的位能，它不同于叶片式水泵将机械能转换为输送液体的位能和动能。

2. 螺杆泵的分类

螺杆泵按螺杆数量分为以下三种。

单螺杆泵——单根螺杆在泵体的内螺纹槽中啮合转动的泵。

双螺杆泵——由两个螺杆相互啮合输送液体的泵。

三螺杆泵——由多个螺杆相互啮合输送液体的泵。

3. 三种压滤机的对比（板框式压滤机、厢式压滤机和隔膜压滤机）

板框式和厢式压滤机的区别在于滤板不同，进料口的位置不一样，板框式压滤机进料口在滤板左上角，厢式压滤机进料口在滤板中间，其他方面没有太大差别，隔膜和板框，厢式压滤机滤板外形不大一样，多了两个进气孔。

隔膜压滤机的滤板侧面有进气孔，中间是中空的，充气后可以鼓起来，进行2次压榨。板框压滤机和厢式压滤机没有2次压榨的功能。

厢式压滤机厂家都是采用中间进料，滤板是一整块的滤板排放顺序，板框式压滤机的滤板是由一块实心滤板和一块空心滤框组合而成。

4. 几种脱水机械的工作原理及特点

1）叠氏污泥脱水机

工作原理：由固定环，游动环相互层叠，螺旋轴贯穿其中形成的过滤主体。通过重力浓缩以及污泥在推进过程中受到背压板形成的内压作用实现充分脱水，滤液从固定环和活动环所形成的滤缝排出，泥饼从脱水部的末端排出。

优势：能自我清洗，不堵塞，可以低浓度污泥直接脱水；转速慢，省电，无噪声和振动；可以实现全自动控制，24小时无人运行。

劣势：不擅长颗粒大、硬度大的污泥的脱水；处理量较小。

2）带式污泥脱水机

工作原理：由上下两条张紧的滤带夹带着污泥层，从一连串有规律排列的辊压筒中，呈S形经过，依靠滤带本身的张力，形成对污泥层的压榨和剪切力，把污泥层中的毛细水挤压出来，从而实现污泥脱水。

优势：价格较低，使用普遍，技术相对成熟。

劣势：易堵塞，需要大量的水清洗，造成二次污染。

3）离心式污泥脱水机

工作原理：由转载和带空心转轴的螺旋输送器组成，污泥由空心转轴送入转筒，在高速旋转产生的离心力下，立即被甩入转鼓腔内。由于相对密度不一样，形成固液分离。污泥在螺旋输送器的推动下，被输送到转鼓的锥端由出口连续排出；液环层的液体则由堰口连续"溢流"排至转鼓外靠重力排出。

优势：处理能力大。

劣势：耗电大，噪声大，振动剧烈；维修比较困难，不适于相对密度接近的固液分离。

4）板框式污泥脱水机

工作原理：在密闭的状态下，经过高压泵打入的污泥经过板框的挤压，使污泥内的水通过滤布排出，达到脱水目的。

优势：价格低廉，擅长无机污泥的脱水，泥饼含水率低。

劣势：易堵塞，需要使用高压泵，不适用于油性污泥的脱水，难以实现连续自动运行。

5）螺旋压榨脱水机

工作原理：螺旋压榨脱水机的螺杆安装在由滤网组成的圆筒中，从脱水原料的入口至出口方向螺杆本体直径逐渐变粗，随着螺杆叶片之间的容积逐渐变小，脱水原料也逐渐被压缩。通过压缩使脱水原料中的固体和液体分离，滤液通过滤网的网孔被排出，流向脱水机下方的滤液收集槽后排至机器外部。

螺旋压榨脱水机的特征

（1）能够实现连续脱水处理，因此前后的配套设备也能够进行连续处理，从而省去了复杂的操作控制。

（2）结构简单，低转速，被驱动旋转的部件少，因此需更换的易损件少且维护费用低廉。

（3）低转速，低噪声，无振动，可使用结构简单的机器安装台架。

（4）低转速，所需运行动力小，因此日常运行费用低廉。

（5）易实现密闭构造，能够简单地解决臭气问题并回收脱水处理时产生的气体。

（6）结构简单，调节、检修部位少，日常管理作业简单。

（7）结构简单，与其他种类的脱水机相比，综合费用低廉。

隔膜压滤机与板框式压滤机的区别

（1）滤板结构的不同。板框式压滤机过滤室采用的两种滤板交错拼接而成，一种实心滤板和一种边框滤板。隔膜压滤机采用的两种不同滤板，一种是实心滤板，另一种是空心滤板。边框滤板像四根条子围成的，而空心滤板则是采用的两层铸造在一起，形成滤板中间有很大的空隙，这就是空心滤板。

（2）过滤腔形成不同。板框式压滤机过滤腔需要两块实心滤板再加上一块边框滤板组成，隔膜压滤机采用一块实心滤板与一块空心滤板组成。

（3）滤布样式不同。隔膜压滤机采用

两张滤布，中间相连，形成一个滤布单体。而板框式压滤机滤布则是采用的一张正方形的滤布，外形和前面两种设备的完全不一样。隔膜压滤机滤布采用包裹式方式，将两层其中的一层穿过滤板中间小洞后再平展开了，包裹滤板。而板框式压滤机的滤布直接放在滤板之间就可以。

（4）隔膜压滤机使用的滤板双面带有隔膜型腔。隔膜滤板与外形相同的滤板间隔排列形成一个个一定容积的滤室，当物料过滤完成后，向隔膜型腔内注入一定压力的气体（液体）使隔膜鼓起来反向对滤饼旋压，以达到降低滤饼含水率目的。与板框式压滤机的过滤板相比，隔膜压滤机的滤板有两个可前后移动的过滤面：隔膜。当在隔膜后侧通入压榨介质时（如压缩空气），这些可移动的隔膜就会向过滤腔室的方向鼓出，也就是说在过滤过程结束以后对滤饼进行再次高压挤压。配备隔膜滤板的过滤工艺，滤饼的含水率能比普通滤板低10%~40%。能节约大量的后续成本。在对滤饼洗涤时可以通过隔膜的压榨使洗涤水量更少，效果更佳。

（三）工艺原理知识

1. 常见污泥的分类

（1）生活污水厂产生的活性污泥。属于亲水性、微细粒度有机污泥，可压缩性能差，脱水性能差。

（2）自来水厂产生的物化污泥。属于中细粒度有机与无机混合污泥，可压缩性能和脱水性能一般。

（3）工业废水产生物化和生化混合污泥。属于中细粒度混合污泥，含纤维体的脱水性能较好，其余可压缩性能和脱水性能一般。

（4）工业废水产生经浓缩后的物理法和化学法的物化细粒度污泥。属于细粒度无机污泥，可压缩性能和脱水性能一般。

（5）工业废水处理产生的物化沉淀中粒度污泥。属于中粒度疏水性无机污泥，可压缩性能和脱水性能较好。

（6）工业废水处理产生的物化沉淀粗粒度污泥。属于粗粒度疏水性无机污泥，可压缩性能和脱水性能很好。

2. 处理工艺的目的

典型的污泥处理工艺流程，包括四个处理或处置阶段。第一阶段为污泥浓缩，主要目的是使污泥初步减容，缩小后续处理构筑物的容积或设备容量；第二阶段为污泥消化，使污泥中的有机物分解；第三阶段为污泥脱水，使污泥进一步减容；第四阶段为污泥处置，采用某种途径将最终的污泥予以消纳。以上各阶段产生的清液或滤液中仍含有大量的污染物质，因而应送回到污水处理系统中加以处理。以上典型污泥处理工艺流程，可使污泥经处理后，实现"四化"：

（1）减量化：由于污泥含水量很高，体积很大，且呈流动性。经以上流程处理之后，污泥体积减至原来的十几分之一，且由液态转化成固态，便于运输和消纳。

（2）稳定化：污泥中有机物含量很高，极易腐败并产生恶臭。经以上流程中消化阶段的处理以后，易腐败的部分有机物被分解转化，不易腐败，恶臭大大降低，方便运输及处置。

（3）无害化：污泥中，尤其是初沉污泥中，含有大量病原菌、寄生虫卵及病毒，易造成传染病大面积传播。经过以上流程中的消化阶段，可以杀灭大部分的蛔虫卵、病原菌和病毒，大大提高污泥的卫生指标。

（4）资源化：污泥是一种资源，其中含有很多热量，其热值在10000~15000 kJ/kg（干泥）之间，高于煤和焦炭。另外，污泥中还含有丰富的氮磷钾，是具有较高肥料的有机肥料。通过以上流程中的消化阶段，可以将有机物转化成沼气，使其中的热量得以利用，同时还可进一步提高其肥效。污泥浓缩常采用的工艺有重力浓缩、离心浓缩和气浮浓缩等。污泥消化可分成厌氧消化和好氧消化两大类。污泥脱水常采用自然干化和机械脱水。常用的机械脱水工艺有带式压滤脱水、离心脱水等。污泥处置的途径很多，主要有农林使用、卫生填埋、焚烧和生产建筑材料等。

以上为典型的污泥处理工艺流程，在各地得到了普遍采用。但由于各地的条件不同，具体情况也不同，尚有一些简化流程。当污泥采用自然干化方法脱水时，可采用以下工艺流程：

污泥——→污泥浓缩——→干化场——→处置

也可进一步简化为

污泥——→干化场——→处置

当污泥处置采用卫生填埋工艺时。可采用以下流程：

污泥——→浓缩——→脱水——→卫生填埋

中国早期建成的处理厂中，尚有很多厂不采用脱水工艺，直接将湿污泥用作农肥，工艺流程如下：

污泥——→污泥浓缩——→污泥消化——→农用

污泥——→污泥浓缩——→农用

污泥——→农用

国外很多处理厂采用焚烧工艺，其中很

多不设消化阶段，流程如下：

污泥——→浓缩——→脱水——→焚烧

省去消化的原因，是不降低污泥的热值，使焚烧阶段尽量少耗或不耗另外的燃料。

3. 脱水剂

为更好地将污泥脱水，除需要加除磷试剂外，还加一定量脱水剂，如：

1）名称

中文名称：聚丙烯酰胺。

中文别名：絮凝剂3号；简称PAM；聚丙烯醯胺；三号凝聚剂；阴离子聚丙烯酰胺；聚丙烯酰胺胶体Ⅱ型；聚丙烯酰胺胶体Ⅰ型；聚丙烯酰胺（胶体）。

英文名称：Poly（acrylamide）

简称：PAM

聚丙烯酰胺为水溶性高分子聚合物，不溶于大多数有机溶剂，具有良好的絮凝性，可以降低液体之间的摩擦阻力，按离子特性分可分为非离子、阴离子、阳离子和两性型四种类型。污泥脱水常常采用非离子聚丙烯酰胺或者阴离子聚丙烯酰胺。

2）污泥脱水脱水剂用量

污泥脱水一般选用：离子度较高的阳离子聚丙烯酰胺。阳离子聚丙烯酰胺离子度的不同，对于污泥脱水的效果会有很大的不同。

污泥脱水对于阳离子聚丙烯酰胺的选择主要是筛选离子度。通过烧杯小试来观察其絮凝后的絮体而定，如：通过烧杯小试观察其絮团大小、絮团强度、抱团紧密度等。

（1）絮团过小时在污泥脱水过程中碎小的絮体会遭到压滤机的挤压而破碎，会随着水而外排造成污泥脱水水质发黑等情况。

（2）絮团过大时会因絮体内包裹较大的水影响脱水后的泥饼干度。

（3）絮团强度和紧密度正常时可防止在剪切和挤压过程中保持不易破碎等状态。

污泥脱水阳离子聚丙烯酰胺离子度的选择尽量使用烧杯小试取得最佳型号，上机试用过程中应调节其加药量、调节滤布张力、调节滚轴转速等。

污泥脱水物理性质

3）聚丙烯酰胺性状

聚丙烯酰胺为白色粉状物，密度为1.32 g/cm³（23 ℃），玻璃化温度为188 ℃，软化温度近于210 ℃，一般方法干燥时含有少量的水，干时又会很快从环境中吸取水分，用冷冻干燥法分离的均聚物是白色松软的非结晶固体，但是当从溶液中沉淀并干燥后则为玻璃状部分透明的固体，完全干燥的聚丙烯酰胺PAM是脆性的白色固体，商品聚丙烯酰胺干燥通常是在适度的条件下干燥的，一般含水量为百分之五至百分之十五。溶于水，几乎不溶于有机溶剂。

4）阳离子聚丙烯胺使用注意事项

（1）絮团的大小。絮团太小会影响排水的速度，絮团太大会使絮团约束较多水而降低泥饼干度。经过选择聚丙烯酰胺的相对分子质量能够调整絮团的大小。

（2）污泥特性。第一点理解污泥的来源、特性以及成分、所占比重。依据性质的不同，污泥可分为有机污泥和无机污泥两种。阳离子聚丙烯酰胺用于处置有机污泥，相对的阴离子聚丙烯酰胺絮凝剂用于处理无机污泥，碱性很强时用阳离子聚丙烯酰胺，而酸性很强时不宜用阴离子聚丙烯酰胺，固含量高的污泥通常聚丙烯酰胺的用量也大。

（3）絮团强度。絮团在剪切作用下应坚持稳定而不破碎。提高聚丙烯酰胺相对分子质量或者选择适宜的分子构造有助于提高絮团稳定性。

（4）聚丙烯酰胺的离子度。针对脱水的污泥，可用不同离子度的絮凝剂经过先做小试停止挑选，选出最佳适宜的聚丙烯酰胺，这样既能够获得最佳絮凝剂效果，又可使加药量最少，节约成本。

（5）聚丙烯酰胺的溶解。溶解良好才能充分发挥絮凝作用。有时需要加快溶解速度，这时可考虑提高聚丙烯酰胺溶液的浓度。

5）污泥脱水使用特性

（1）絮凝性。PAM能使悬浮物质通过电中和，架桥吸附作用，起絮凝作用。

（2）黏合性。能通过机械的、物理的、化学的作用，起黏合作用。

（3）降阻性。PAM能有效地降低流体的摩擦阻力，水中加入微量PAM就能降阻50%~80%。

（4）增稠性。PAM在中性和酸条件下均有增稠作用，当pH在10以上PAM易水解。呈半网状结构时，增稠将更明显。

4. 污泥调理剂

有时有些污泥只通过加入污泥调理剂来改变污泥特性，使泥的特性显著改变。

1）污泥调理剂作用原理

污泥调理剂中的主要成分通过协同作用改变污泥表面性质、减少污泥比表面积、破坏细胞壁和细胞膜释放胞内水进而去除大部分生化污泥中的自由水、结合水、毛细水和胞内水。

2）污泥调理剂特点

（1）有机高效污泥脱水剂替代无机盐类产品减少污泥增量。

（2）不使用酸性无机盐避免设备腐蚀，减少滤布污堵，延长使用寿命。

（3）不使用$FeCl_3$产品，滤液、污泥中不会残留多余氯离子，避免滤液后续处理中对生化系统的影响。

（4）采用有机高效污泥脱水剂增加污泥热值，有利于焚烧。

（5）采用有机高效污泥脱水剂增加污泥有机质比例，利于后续的堆肥等田园绿化项目。

3）污泥调理剂优点

（1）具有很强的脱水性，加药配合使用板框式压滤机，可将污泥含水率从90%以上降至35%~50%，充分实现污泥减量。

（2）由于诺冠环保污泥调理剂不采用石灰，减少无机盐的使用，不会造成堵塞滤布，降低其清洗频率和延长其使用寿命。

（3）设备的操作压力稳定，减少进泥泵的磨损和能耗。

（4）因为处理时不使用石灰等无机盐，干泥量中含有的无机盐少，减少污泥的产生量，对燃烧值的影响较低，降低后续处置的费用。

5. 脱水操作

（1）操作人员必须熟悉使用说明书内容，并严格按说明书的要求操作、调整、使用和维修。

（2）选用优质滤布，滤布不应有破损，密封面不皱折、不重叠。

（3）经常检查整机零、部件安装是否安全，各紧固件是否紧固，液压系统是否漏油，传动部件是否灵活、可靠。

（4）经常检查液压油质量、油面高度是否符合要求，油液是否纯净。

液压系统周围要保持清洁、防水、防尘。

（5）每次开机后，仔细观察机器工作情况，如有异常，应立即停机检修。

（6）油箱内油温以不高于60 ℃为宜；油箱严禁进水和灰尘；液压站上的滤油器要经常清洗。电器控制部分每月应进行一次绝缘性能试验，损坏的电器元件应及时更换或维修。

（7）机器使用一个月，应清洗油箱、油路、油缸等，更换合格新油，以后每半年更换、清洗一次。

（8）工作时过滤压力、压紧压力、料液温度不允许超过规定值，在缺少板框或压紧板最大位移大于活塞行程时，严禁开机。

（9）冬天启动油泵时，根据需要应对液压油加温，待油温升到15 ℃以上时，方可投入使用。在高寒地区应用低凝点液压油。

（10）工作状态下严禁进行调整设备，在压力表损坏或不装压力表的情况下，严禁开机。

（11）更换新油管首次启动时，人员不得靠近高压油管。

（12）机械压紧压滤机要十分注意压紧情况，不可长时间超负荷运转，以免烧坏电机或损坏零部件。

（13）经常检查清理进、出通道，保证

畅通无阻。

（14）卸渣时，根据需要对滤布和板框进行冲洗，保证密封面无杂物。

（15）相对运动的零部件，要经常进行加油润滑。

（16）机器长期停用时，应存放在通风干燥的室内，液压系统要充满油液，其他外漏加工面应涂防锈油。贮存应放置在相对湿度小于80%、温度在−15~40 ℃的无腐蚀性介质有遮蔽的场所。

（17）滤板、滤框不得与油类、酸碱或其他有损于板框的物质接触，应远离热源、避免日晒雨淋。

（18）隔膜压榨时，压榨前物料必须充满滤室，压榨后必须在排尽空气后，方可打开滤板进行卸料，以免造成隔膜破裂。工作中应经常检查压缩空气管路，若出现气管脱落或漏气严重，应立即关闭进气阀，打开放气阀。待修复后，方可继续使用。实际操作使用说明可咨询厂家。

（四）本案例应用的机械设备

厢式隔膜压滤机的结构由三部分组成：

1. 机架

机架是压滤机的基础部件，两端是止推板和压紧头，两侧的大梁将二者连接起来，大梁用以支撑滤板、滤框和压紧板。

1）止推板

它与支座连接将压滤机的一端坐落在地基上，厢式压滤机的止推板中间是进料孔，四个角还有四个孔，上两角的孔是洗涤液或压榨气体进口，下两角为出口（对于暗流结构的压滤机还是滤液出口）

2）压紧板

用以压紧滤板滤框，两侧的滚轮用以支撑压紧板在大梁的轨道上滚动。

3）大梁

是承重构件，根据使用环境防腐的要求，可选择硬质聚氯乙烯、聚丙烯、不锈钢包覆或新型防腐涂料等涂覆。

2. 压紧机构

分为手动压紧、机械压紧、液压压紧。

1）手动压紧

是以螺旋式机械千斤顶推动压紧板将滤板压紧。

2）机械压紧

压紧机构由电动机（配置先进的过载保护器）、减速器、齿轮副、丝杆和固定螺母组成。压紧时，电动机正转，带动减速器、齿轮副，使丝杆在固定丝母中转动，推动压紧板将滤板、滤框压紧。当压紧力越来越大时，电动机负载电流增大，当达到保护器设定的电流值时，达到最大压紧力，电动机切断电源，停止转动，由于丝杆和固定丝母有可靠的自锁螺旋角，能可靠地保证工作过程中的压紧状态，退回时，电动机反转，当压紧板上的压块，触压到行程开关时退回停止。

3）液压压紧

液压压紧机构由液压站、油缸、活塞、活塞杆以及活塞杆与压紧板连接的哈夫兰卡片组成。

液压站的结构组成有：电机、油泵、溢流阀（调节压力）、换向阀、压力表、油路、油箱。

液压压紧机械压紧时，由液压站供高压油，油缸与活塞构成的元件腔充满油液。当压力大于压紧板运行的摩擦阻力时，压紧板缓慢地压紧滤板；当压紧力达到溢流阀设定的压力值（由压力表指针显示）时，滤板、滤框（板框式）或滤板（厢式）被压紧，溢流阀开始卸荷。这时，切断电机电源，压紧动作完成。

退回时，换向阀换向，压力油进入油缸的有杆腔，当油压能克服压紧板的摩擦阻力时，压紧板开始退回。

液压压紧为自动保压时，压紧力是由电接点压力表控制的，将压力表的上限指针和下限指针设定在工艺要求的数值。

当压紧力达到压力表的上限时，电源切断，油泵停止供电，由于油路系统可能产生的内漏和外漏造成压紧力下降。

当降到压力表下限指针时，电源接通，油泵开始供油，压力达到上限时，电源切断，油泵停止供油。

这样循环以达到过滤物料的过程中保证压紧力的效果。

3. 过滤机构

过滤机构由滤板、滤框、滤布、压榨隔膜组成。滤板两侧由滤布包覆，需配置压榨隔膜时，一组滤板由隔膜板和侧板组成。

隔膜板的基板两侧包覆着橡胶隔膜，隔膜外边包覆着滤布，侧板即普通的滤板。

物料从止推板上的进料孔进入各滤室，固体颗粒因其粒径大于过滤介质（滤布）的孔径被截留在滤室里，滤液则从滤板下方的出液孔流出。

滤饼需要榨干时，除用隔膜压榨外，还可用压缩空气或蒸气，从洗涤口通入，气流冲去滤饼中的水分，以降低滤饼的含水率。

1）过滤方式

滤液流出的方式分明流过滤和暗流过滤。

（1）明流过滤：每个滤板的下方出液孔上装有水嘴，滤液直观地从水嘴里流出。

（2）暗流过滤：每个滤板的下方设有出液通道孔，若干块滤板的出液孔连成一个出液通道，由止推板下方的出液孔相连接的管道排出。

2）洗涤方式

滤饼需要洗涤时，有明流单向洗涤和双向洗涤，暗流单向洗涤和双向洗涤。

（1）明流单向洗涤是洗液从止推板的洗液进孔依次进入，穿过滤布再穿过滤饼，从无孔滤板流出，这时有孔板的出液水嘴处于关闭状态，无孔板的出液水嘴是开启状态。

（2）明流双向洗涤是洗液从止推板上方的两侧洗液进孔先后两次洗涤，即洗液先从一侧洗涤再从另一侧洗涤，洗液的出口同进口是对角线方向，所以又叫双向交叉洗涤。

（3）暗流单向流涤是洗液从止推板的洗液进孔依次进入有孔板，穿过滤布再穿过滤饼，从无孔滤板流出。

（4）暗流双向洗涤是洗液从止板上方两侧的两个洗液进孔先后两次洗涤，即洗涤先从一侧洗涤，再从另一侧洗涤，洗液的出口是对角线方向，所以又叫暗流双向交叉洗涤。

4. 隔膜厢式压滤机的优点

（1）隔膜厢式压滤机采用了滤板膨胀设计。向滤板通入气体使其膨胀变形，挤压滤板中间的滤饼，从而减少滤饼的水分。

（2）采用了气体反吹技术。等到压滤机停止进料时，向滤板的滤饼中通入高强压力的气体，进一步干燥过滤后的滤渣，从而可以减少滤渣之中毛细水，结构水等。

（3）滤板采用斜坡设计。隔膜厢式压滤机的进料口设计上方，在通过斜面的滤板，使得滤液与隔膜充分地接触，很大限度地过滤，提高了过滤速度，增加了工作效率。

（4）滤板的结构。每一块滤板是由一块组合板和一块聚丙烯滤板组成，而组合板是由两片滤框组成，相当于有两张滤布同时过滤一样，不仅方便了更换滤布，还使得效率成倍增加。

（5）滤板的材质。隔膜厢式压滤机滤板一般采用玻璃纤维增强聚丙烯，膜采用天然橡胶，这样的设备使用稳定，龟裂实验达到10万次。

（6）自动化。隔膜厢式压滤机环保设备采用了自动洗涤滤布的设计，节约了水，也节约了时间。还采用了自动卸料设计，基本可以由一人控制。

5. 安装时的注意事项

（1）首先，在安装之前隔膜式压滤机基础应找平，各安装基准面水平度误差不要超过2 mm。

（2）安装油缸支座，用垫板找平，两支座上平面在同一水平面上，油缸与支座之间螺栓不上紧，然后将油缸装于油缸支座上，地脚螺栓上紧。

（3）安装尾板。吊正尾板（用钢丝绳吊尾板中心孔）将尾板与主梁连接在一起。

（4）安装主梁支柱。将一主梁与油缸装配好，并用主梁夹板将主梁与中间支柱固定。

（5）将安装后的尾板垫平，安装另一主梁并用夹板固定好，两主梁与尾板定位卡口应安装到位，不留间隙。

（6）隔膜找正。用水准仪测量两主梁水平，两主梁上任意两点高度差应小于3 mm，主梁高低由主梁支柱调整，框架两对角线误差应小于6 mm，可通过调整尾板的左右位置达到。

（7）安装头板。将头板吊于两主梁道轨上，检查球面端盖与活塞杆同轴度，同轴度允差为2 mm，可通过球面端盖的上下及左右移动达到同轴度要求，安装压板使头板与活塞杆连接。

（8）安装轨道盒托架及上、下轨道盒。

（9）安装传动部分。包括链轮、链条、油马达、拉钩盒等。连接链条和拉钩盒时，应使两拉钩盒紧靠轨道盒端部定位板，应保证两拉钩盒同步精度小于4 mm。

（10）将滤板吊装至主梁道轨上，定位把手在同一侧。

（11）安装滤布，上好滤布压圈（缝制滤布不用压圈）。

（12）调整轨道盒高度，滤板把手底面与上轨道盒底面距离为以达到拉板工作稳定可靠为准。

（五）电控柜

该设备的电气控制部分是整个系统的控制中心，它主要由变频器、PLC程序控制器、热控开关、空气开关、中间继电器、按钮开关和电源指示灯所组成。

自动压滤机工作过程的转换是靠PLC内计时器、计数器、中间继电器和PLC外部的限位开关、压力继电器、电接点压力表、控制按钮等的转换而完成。工作过程可分为卸压、松开、取板、拉板、压紧、保压和补压等环节，其过程如图3.3所示。

（六）分析检测

在污水中悬浮物（SS）、总固（TS）、挥发性固体物（VS）、溶解性总固体（TDS）、挥发性悬浮物（VSS）等均为测定指标。同时泥饼中检测的两个重要指标是泥饼含水率和固含量。

在进口取水后，需要检测水中悬浮物、挥发性悬浮物、挥发性固体物、溶解性总固体及总固体等。它们之间存在一定的关联，

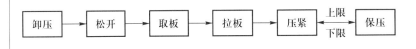

卸压 → 松开 → 取板 → 拉板 → 压紧 —上限/下限— 保压

◀图3.3
自动压滤机工作过程

其中：TS=SS+TDS；SS=VSS+固定性固体

这些测定方法均采用重量法（或称"称量法"），之间的区别在于：取样量的不同和测定温度间的差异。

1. 总固体、挥发性总固体的测定

（1）先将洗净灼烧至恒重（600 ℃条件下大约60 min）的坩埚称重G_1。

（2）用移液管量取10 mL污泥，放入坩埚，将坩埚放入105 ℃的烘箱中烘烤24 h后取出，放在干燥器中冷却至室温，然后称重G_2。

（3）将坩埚放入600 ℃的马弗炉中灼烧2 h，取出后放入干燥器中冷却至室温后称重G_3。

（4）用G_2-G_1除以污泥的体积得到污泥的TS。

（5）用G_2-G_3除以污泥的体积得到污泥的VS。

2. 悬浮固体、挥发性悬浮固体的测定

（1）先将洗净灼烧的坩埚称重G_1。

（2）用移液管取10 mL污泥，放入离心管中，放入离心机中以5000 r/min离心5 min。

（3）倒出上清液，将管中污泥取出放入坩埚，用蒸馏水冲洗，冲洗水倒入坩埚，将坩埚放入105 ℃的烘箱中烘烤24 h后取出，放在干燥器中冷却至室温，然后称重G_4。

（4）将坩埚放入600 ℃的马弗炉中灼烧2 h，取出后放入干燥器中冷却至室温后称重G_5。

（5）用G_4-G_1除以污泥的体积得到污泥的SS。

（6）用G_4-G_5除以污泥的体积得到污泥的VSS。

3. 该类测定的关键步骤

（1）该类检测所涉及的膜、滤纸、容器的设备，均必须在相应实验温度下恒重（相邻两次称量质量之差小于等于0.3 mg）。

（2）每次将器皿从烘箱（指加热温度不超过250 ℃）或马弗炉（指灼烧温度超过400 ℃）取出后，只能放入干燥器中冷却到室温。

（3）在从马弗炉中取物时，要使用长柄坩埚钳取物，同时要防止灼伤。

（4）在使用马弗炉灼烧物品时，只能使用瓷坩埚，不得将特硬料玻璃制备放进马弗炉中灼烧。

（5）由于干燥器自身的质量很重，操作时必须注意安全，防止玻璃扎伤和损坏干燥器盖。

（七）岗位操作中的安全注意事项

（1）首先，在安装之前隔膜式压滤机基础应找平，各安装基准面水平度误差不要超过2 mm。

（2）安装油缸支座，用垫板找平，两支座上平面在同一水平面上，油缸与支座之间螺栓不上紧，然后

将油缸装于油缸支座上，地脚螺栓上紧。

（3）安装尾板。吊正尾板（用钢丝绳吊尾板中心孔）将尾板与主梁连接在一起。

（4）安装主梁支柱。将一主梁与油缸装配好，用主梁夹板将主梁与中间支柱固定。

（5）将安装后的尾板垫平，安装另一主梁并用夹板固定好，两主梁与尾板定位卡口应安装到位，不留间隙。

（6）隔膜找正。用水准仪测量两主梁水平，两主梁上任意两点高度差应小于 3 mm，主梁高低由主梁支柱调整，框架两对角线误差应小于 6 mm，可通过调整尾板的左右位置达到。

（7）安装头板。将头板吊于两主梁道轨上，检查球面端盖与活塞杆同轴度，同轴度允差为 2 mm，可通过球面端盖的上下及左右移动达到同轴度要求，安装压板使头板与活塞杆连接。

（8）安装轨道盒托架及上、下轨道盒。

（9）安装传动部分。包括链轮、链条、油马达、拉钩盒等。连接链条和拉钩盒时，应使两拉钩盒紧靠轨道盒端部定位板，应保证两拉钩盒同步精度小于 4 mm。

（10）将滤板吊装至主梁道轨上，定位把手在同一侧。

（11）安装滤布，上好滤布压圈（缝制滤布不用压圈）。

（12）调整轨道盒高度，滤板把手底面与上轨道盒底面距离为以达到拉板工作稳定可靠为准。

（八）分析、归纳与总结

1. 泵体剧烈振动或产生噪声以及电机轴承过热可能的原因

泵体安装不牢或泵安装过高；电机滚珠、轴承损坏；泵主轴弯曲或与电机主轴不同心、不平行等；轴承缺少润滑油或轴承破裂等均会产生上述问题。

处理方法是装稳泵或降低泵的安装高度；更换电机滚珠轴承；矫正弯曲的泵主轴或调整好泵与电机的相对位置；补加润滑油或更换轴承等。

2. 确保螺杆泵发挥功效，减少检修的方法

1）螺杆泵的转速选用

螺杆泵的流量与转速呈线性关系，相对于低转速的螺杆泵，高转速的螺杆泵虽能增加流量和扬程，但功率明显增大，高转速加速了转子与定子间的磨耗，必定使螺杆泵过早失效，而且高转速螺杆泵的定转子长度很短，极易磨损，因而缩短了螺杆泵的使用寿命。

通过减速机构或无级调速机构来降低转速，使其转速保持在 300 r/min 以下较为合

理的范围内，与高速运转的螺杆泵相比，使用寿命能延长几倍。

2）螺杆泵的品质

螺杆泵的种类较多，相对而言，进口的螺杆泵设计合理，材质精良，但价格较高，服务方面有的不到位，配件价格高，订货周期长，可能影响生产的正常运行。

国内生产的大都仿制进口产品，产品质量良莠不齐，在选用国内生产的产品时，在考虑其性价比的时候，选用低转速，长导程，传动部件材质优良，额定寿命长的产品。

3）确保杂物不进入泵体

湿污泥中混入的固体杂物会对螺杆泵的橡胶材质定子造成损坏，所以确保杂物不进入泵的腔体是很重要的，很多污水厂在泵前加装了粉碎机，也有的安装格栅装置或滤网，阻挡杂物进入螺杆泵，对于格栅应及时清捞以免造成堵塞。

4）避免断料

螺杆泵决不允许在断料的情形下运转，一经发生，橡胶定子由于干摩擦，瞬间产生高温而烧坏，所以，粉碎机完好，格栅畅通是螺杆泵正常运转的必要条件之一，为此，有些螺杆泵还在泵身上安装了断料停机装置，当发生断料时，由于螺杆泵具有自吸功能的特性，腔体内会产生真空，真空装置会使螺杆泵停止运转。

5）保持恒定的出口压力

螺杆泵是一种容积式回转泵，当出口端受阻以后，压力会逐渐升高，以至于超过预定的压力值。此时电机负荷急剧增加。传动机械相关零件的负载也会超出设计值，严重时会发生电机烧毁、传动零件断裂。为了避免螺杆泵损坏，一般会在螺杆泵出口处会安装回油阀，用以稳定出口压力，保持泵的正常运转。

3. 螺杆泵用变频启动困难的原因，螺杆泵用变频启动困难的解决办法

1）螺杆泵用变频启动困难的原因

有部分用户购买了比较大的螺杆泵，由于对螺杆泵内部结构的了解不够清楚，误以为采用变频启动更好，类似于其他离心泵类产品，采用变频启动可以有效保护电动机，使其不受启动瞬间的较大电流加上出水瞬间后的更大电流的损害，所以离心泵功率较大的均是采用变频启动或者其他降压方式启动，所以很多用户误以为螺杆泵也采用变频启动更好，其实螺杆泵采用变频启动是很难启动得了的，严重时只能听到电机发出嗡嗡的声音但是泵运行不起来。

那么具体螺杆泵用变频启动困难的原因是什么呢？是因为螺杆泵的螺杆轴与橡胶套紧密贴合，两者形成螺旋状，螺杆泵是依靠螺杆轴旋转的过程把介质向出口方向推送挤压液体出去的，螺杆轴分为多个螺旋，它是一级级向前推送的，所以需要橡胶套与螺杆轴之间间隙越小，流量压力才能满足标准的参数，两者之间无间隙这种情况螺杆泵就属于重载启动的设备、变频启动的力量根本满

足不了螺杆泵需要启动的功率力量，所以螺杆泵用变频启动困难。

2）螺杆泵用变频启动困难的解决办法

螺杆泵用变频启动困难简单的解决办法就是启动时不要用变频启动，直接采用工频启动，正常运行之后再采用变频调节控制流量即可。

螺杆泵和离心泵的原理不一样，不用担心直接启动会损坏电机，离心泵如果使用的扬程低了或者出口管道变大了，直接工频启动离心泵的瞬间很容易由于超电流而损坏电机，可是螺杆泵不会出现超流量的现象，因为螺杆泵流量扬程均是恒定的，它不会因为扬程低或出口管道变大的情况而出现超流量的现象，所以没有必要采用变频启动，遇到大电机功率可以采用软启动或者自耦降压启动即可。

如果现场已经安装了螺杆泵及变频控制柜，但是工程验收要求必须采用变频启动，和用户无法沟通了，那么建议只能是把原来螺杆轴给拆卸下来重新定制更细一点的螺杆轴来满足用户的要求。这种做法会改变原有的螺杆泵流量及压力，流量及压力均会有所降低，这需要和用户沟通好。

技能学习的总结

序号	评价项目	配分	评价面	评价点	程度	分值范围	自评	教评
1	安全方面	10分	安全防护和危险源识别	劳动保护用品的佩戴总结	齐全	5~3		
					有缺项	2~0		
				操作前危险源识别注意事项的总结	齐全	5~3		
					有缺项	2~0		
2	工艺操作方面	10分	工艺原理方面	基本原理分类的总结	从原理	2~1		
					从操作	2~1		
				工艺流程总结	岗位	2~1		
					控制点	2~1		
				构筑物功能总结	外形	1		
					结构	1		
		20分	工艺参数	基本工艺参数的总结	工艺参数	3~1		
					设备参数	3~1		
					分析参数	2~1		
				依据具体条件工艺参数的调整总结	正常范围	4~1		
					可能异常	2~1		
				过程仪表参数范围及异常情况的总结	正常现象	2~1		
					异常规律	4~1		
		10分	工艺巡视	规范巡视的工作总结	巡检重点	3~1		
					特殊部位	2~1		
				异常巡视中需要观察的项目总结	可能异常点	3~1		
					特殊异常	2~1		
3	机械设备方面	6分	机械设备运行	首选设备指标总结（依据）	选择依据全	3~2		
					有缺项	1~0		
				备选设备指标总结（依据）	备选要求全	2~1		
					有缺项	0		
				设备参数范围的总结	最大载荷要求	1		
					有不明确项	0		
		5分	机械设备维护保养	设备常规检查总结	运行和静态检查	2~1		
					有缺项	0		
				使用设备常规维护保养工作总结	运行中保养	2~1		
					有缺项	0		
				备用设备的维护保养工作要点总结	周期保养要点	1		
					有缺项	0		

序号	评价项目	配分	评价方面		程度	分值范围	评价	
			评价面	评价点			自评	教评
3	机械设备方面	4分	设备故障判断处理	设备故障判断方法总结	寻找故障点方法	2~1		
					有缺项	0		
				设备故障处理方法总结	快速处理方法	2~1		
					有缺项	0		
4	电气控制方面	10分	安全用电操作	规范进行配电室、电气设备的巡视	电气设备巡视方法	4~2		
					有缺项	1~0		
				规范沟通电气出现异常现象	准确沟通故障现象	4~2		
					事故沟通不完整	1~0		
				配合相关人员处理电气设备故障	及时处理操作现场	2~1		
					操作现场有异物	0		
5	分析检测方面	5分	安全用电操作	总结按规程采集样品工作（代表性）	操作要点与事项	3~2		
					显著缺项	1~0		
				总结快速完成检测任务准确性方法	操作要点与事项	2~1		
					显著缺项	0		
		5分	完成采样检测操作	依据检测结果与仪表显示控制操作	校正配液确认	3~2		
					显著缺项	1~0		
				处理异常（应变）能力总结	数据异常判定	2~1		
					显著缺项	0		
6	应急处理方面	15分	应急处理	安全应急处理总结	全面有条理	10~5		
					有显著缺项	4~0		
				水质、水量应急处理总结	范围项目齐全	10~5		
					有显著缺项	4~0		

自我提升总结（综合性）

1　出现图3.1螺杆泵出口压力低的情况应从哪几个方面进行检查与调整？

答：检查均质池是否因液位低引起螺杆泵进气；检查出口压力表是否不准确；检查变频是否调整偏小；检查滤布是否漏泥引起压力低；检查是否存在螺杆泵的定子和转子磨损严重；检查螺杆泵转子是否脱落；检查螺杆泵机封或盘根是否漏液严重等。

2　列举螺杆泵出口压力低可能的原因。

答：螺杆泵胶套（定子）老化或磨损；螺杆轴（转子）磨损；螺杆轴万向节脱落；螺杆泵进气；螺杆泵进口堵塞。

3　螺杆泵本体和出口管道震动可能存在什么问题，需要从哪几方面查找问题？

答：螺杆泵维修完成后调整变频过大，泵流量大于压滤机过滤流量引起超压震动；螺杆泵维修完成后出口阀门开度小，引起超压震动；压滤机滤布堵塞较为严重，维修后泵流量变大引起泵流量大于压滤机过滤流量；压滤机明流口小阀门整体开度小或暗流口堵塞引起超压震动；均质池污泥调理未按照规范操作，导致污泥进入压滤机后透水性差，引起超压。

4　出现此类问题，说明对压滤机的日常维护可能存在哪些问题？应如何完善设备的维护操作？

答（举例）：压滤机未进行周期性维护保养或未按照规范操作，例如：未定期更换油站液压油；未定期拆检螺杆泵；未定期更换滤布；未根据运行情况冲洗滤布；均质池污泥调理操作不规范等。

案例 ④

超滤膜处理控制操作案例

一、背景描述

2016年超滤膜工艺单元投入运营。2016年平均处理水量超过40万吨/天，2017年平均处理水量超过75万吨/天，和设计的百万吨处理水量还有不小的距离，为此车间对超滤膜工艺单元进行整体优化，主要做了以下工作：

（1）对膜过滤系统、进水系统、空压机系统、仪器仪表的运行参数等进行优化，确定设备、设施的运行保障方案。

（2）对超滤膜物理反洗、化学清洗、在线浸泡工艺参数及运行方式等方面进行优化，确定了可行的工艺调控方案。在超滤膜优化方案的调控下，在最大限度处理来水的同时，减少膜前溢流，又确保了生产稳定运行。

优化后的超滤膜处理控制操作如图4.1所示。

▼图 4.1
超滤膜处理控制操作

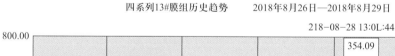

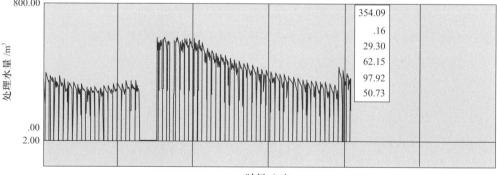

二、通过学习本案例及回答问题，可提高如下方面

（一）操作技能

（1）能识别本案例涉及的机械设备危险源，防止在操作中出现安全事故。

（2）能识别本案例涉及的危险化学品，防止在操作中出现安全事故。

（3）能利用膜组器进行超纯水的制备操作。

（4）能进行膜的物理反冲、化学清洗等清洗类的切换操作。

（5）能完成清洗后膜功能恢复的指标确认。

（6）能发现操作过程中出现的异常现象，如出现不能及时泄压、出水率变低、出水电导率变大等现象，并能及时处理。

（7）能及时发现在线检测仪表出现异常，并及时处理。

（二）知识方面

（1）了解水处理厂污水处理工艺的基本流程。

（2）熟悉膜处理的分类和所涉及的相关设备。

（3）熟悉膜组器工作原理图及相关控制指标。

（4）膜组器运行的操作及工艺控制。

（5）熟悉膜组器物理反洗、化学清洗工艺流程图。

（6）膜组器相关运行设备检查、检修工作流程及相关制度。

（7）膜组器相关运行设备常出现的故障及处理方法和处理方法的思路。

（8）应从这些知识中总结出的技能。

三、通过本案例，请分析和回答问题

（1）膜组器的主要工艺控制指标都有什么，参考数值是多少？

....

....

....

....

....

....

（2）针对图4.1膜组器处理水量有一个突然升高是什么原因？

（3）膜组器处理水量逐渐衰减可能是几方面原因造成的？针对这几个原因如何进行改善？

（4）膜处理控制中都有哪些核心设备？如何保障？

四、解决此类问题的途径与方法（提示）

（1）首先要去企业了解此类工艺原理及相关设备。

（2）利用已有知识和信息页提供的资料进行复习与思考，整理好解题思路。

（3）从信息页和设备原理图中，整理出应用资料。

（4）独立完成问题的解答，并总结出适于自己解决问题的方法。

（5）结合企业具体问题，利用自己总结出解决问题的方法，完成同类的实际问题（由指导老师或企业专家提出思考题），自己提出解决方案，整理后进行交流沟通。

对自学和整理笔记的评价

序号	配分	评价项目		程度	分值	评价	
		项目	评价点			自评	教评
1	20	笔记的完整性	按信息页的规律进行归纳总结（1~10）	好	8~10		
				一般	5~7		
				明显缺项	1~4		
			结合已学的知识体系进行归纳总结（1~13）	好	10~13		
				一般	7~9		
				明显缺项	1~6		
			结合案例内容进行归纳总结（1~15）	好	10~15		
				一般	5~9		
				明显缺项	1~4		
			根据案例问题，结合技能与知识关系进行归纳总结（10~20）	好	16~20		
				一般	10~15		
				明显缺项	5~9		
2	30	笔记的思想性	按知识体系进行系统归纳总结（2~15）	好	13~15		
				一般	7~12		
				明显缺项	2~6		
			按技能操作体系进行系统归纳总结（5~20）	好	15~20		
				一般	10~14		
				明显缺项	5~9		
			按知识体系为主，解释操作技能的方法进行归纳总结（10~20）	好	17~20		
				一般	14~16		
				明显缺项	10~13		
			按技能操作为主线，用理论知识解决操作问题为辅助进行归纳总结（10~25）	好	20~25		
				一般	15~19		
				明显缺项	10~14		
			以发现技能操作规律或技巧为主线，整理操作要领，并用相关理论加以归纳的方式进行总结（15~30）	好	25~30		
				一般	20~24		
				明显缺项	15~19		

序号	配分	评价项目		程度	分值	评价	
		项目	评价点			自评	教评
3	50	自学成果展示	展示出学习成果 （5~25）	好	20~25		
				一般	10~19		
				明显缺项	5~9		
			在展示学习成果的基础上，还展示出思考过程 （10~40）	好	30~40		
				一般	20~29		
				明显缺项	10~19		
			在展示学习成果的基础上，除展示思考外，同时展示解决问题的方法 （20~50）	好	40~50		
				一般	30~39		
				明显缺项	20~29		
合　　计							

为了完成本项目的学习，以及充分掌握该案例的内涵，结合企业要求为读者提供了相关信息页供学习参考。

一、名词解释

1. 离子交换树脂

离子交换树脂指带有官能团（能交换的活性基团）、具有网状结构、不溶性的高分子化合物，通常是球形颗粒物。

2. 反渗透膜

反渗透膜是一种模拟生物半透膜制成的，具有一定特性的人工制成品，是实现反渗透的核心元件。

3. 纳滤膜

纳滤膜的孔径在 1~2 nm。能允许溶剂分子或某些低相对分子质量溶质或低价离子透过的一种功能性的半透膜。因能截留物质的大小约为纳米量级而得名。

4. 超滤膜

超滤膜是一种孔径规格一致，孔径范围为 0.01 μm 以下的微孔滤膜。在借助外部压力的作用下，筛出小于孔径的溶质分子，以分离分子量大于 500 道尔顿（原子质量单位）、粒径大于 10 mm 的颗粒。

二、围绕案例所涉及的知识与理论

（一）安全常识

1. 盐酸安全技术说明书

化学品中文名称：盐酸。

健康危害：具强腐蚀性、强刺激性，可致人体灼伤。接触其蒸气或烟雾，可引起急性中毒，出现眼结膜炎、鼻及口腔黏膜有烧灼感，鼻衄、齿龈出血，气管炎等。误服可引起消化道灼伤、溃疡形成，有可能引起胃穿孔、腹膜炎等。眼和皮肤接触可致灼伤。

泄漏应急处理：迅速撤离泄漏污染区人员至安全区，并进行隔离，严格限制出入。建议应急处理人员戴自给正压式呼吸器，穿防酸碱工作服。不要直接接触泄漏物。尽可能切断泄漏源。小量泄漏：用砂土、干燥石灰或苏打灰混合。也可以用大量水冲洗，洗水稀释后放入废水系统。大量泄漏：构筑围堤或挖坑收容。用泵转移至槽车或专用收集器内，回收或运至废物处理场所处置。

2. 亚硫酸氢钠安全技术说明书

化学名称：亚硫酸氢钠。

外观与性状：白色结晶粉末，有二氧化硫气味。具有强还原性，接触酸或酸气时能产生有毒气体。受热分解放出有毒气体，具有腐蚀性。

健康危害：对皮肤、眼、呼吸道有刺激

性，可引起过敏反应。可引起眼角膜损害，导致失明。可引起哮喘，呼吸循环衰竭，中枢神经抑制。

泄漏应急处理：隔离泄漏污染区，限制出入。建议应急处理人员戴防尘口罩，穿防酸服。不要直接接触泄漏物。

3. 柠檬酸安全技术说明书

化学名称：柠檬酸。又称枸橼酸（制药行业称）。

健康危害：具有刺激作用。接触者可能引起湿疹。

泄漏应急处理：隔离泄漏污染区，限制出入，消除所有点火源。建议应急处理人员戴防尘口罩，穿防酸服。不要直接接触泄漏物。

（二）机械设备基础知识

1. 按类型分类

（1）泵类：离心泵（干式、湿式）、螺杆泵、隔膜泵。

（2）风机类：空气压缩机、罗茨鼓风机。

（3）阀门类：球阀、闸阀、蝶阀、止回阀等。

另外从阀门执行器上分，又分为气动阀、电动阀和手动阀。

2. 按功能分类

提升类、加药类、反冲洗类、气冲洗类等。

3. 离心泵

离心泵的分类方法非常多，它主要依据结构/特性进行划分。

（1）按工作叶轮（指装有动叶的轮盘）数目分类。

① 单级离心泵：即在泵轴上只有一个叶轮（指装有动叶的轮盘）。

② 多级离心泵：即在泵轴上有两个或两个以上的叶轮（指装有动叶的轮盘），这时泵的总扬程为 n 个叶轮产生的扬程之和。开动前，先将泵和进水管灌满水，水泵运转后，在叶轮高速旋转而产生的离心力的作用下，叶轮流道里的水被甩向四周，压入蜗壳，叶轮入口形成真空，水池的水在外界大气压力下沿吸水管被吸入补充了这个空间。继而吸入的水又被叶轮甩出经蜗壳而进入出水管。

（2）按工作压力分类。

① 低压泵：压力低于 100 m 水柱。

② 中压泵：压力在 100~650 m 水柱。

③ 高压泵：压力高于 650 m 水柱。

（3）按叶轮（指装有动叶的轮盘）进水方式分类。

① 单边进水式泵：又叫单吸泵，即叶轮（指装有动叶的轮盘）上只有一个进水口。

② 双侧进水式泵：又叫双吸泵，即叶轮（指装有动叶的轮盘）两侧都有一个进水口。它的流

量比单吸式泵大一倍，可以近似看成两个单吸泵叶轮（指装有动叶的轮盘）背靠背地放在了共同。

（4）按泵壳结合缝形式分类。

① 水平中开泵：即在通过轴心线的水平面上开有结合缝。

② 垂直结合面泵：即结合面与轴心线相垂直。

（5）按泵轴位置分类。

① 卧式泵：泵轴位于水平位置。

② 立式泵：泵轴位于垂直位置。

（6）按叶轮（指装有动叶的轮盘）出来的水引向压出室的方式方法分类。

① 蜗壳泵：水从叶轮（指装有动叶的轮盘）出来后，直接进入具有螺旋线形状的泵壳。技术参数有流量、吸程、扬程、轴功率、水功率、效率等；根据不同的工作原理可分为容积泵、叶片泵等类型。容积泵是利用其工作室容积的变化来传递能量；叶片泵是利用回转叶片与水的相互作用来传递能量，有离心泵、轴流泵和混流泵等类型。

② 导叶泵：水从叶轮（指装有动叶的轮盘）出来后，进入它外面设置的导叶，之后进入下一级或流入出口管。

（三）工艺原理知识

1. 水中杂质的去除方法

去除水中杂质常用的分离方法有：格栅、沉淀池、离子交换、膜分离等。见表4.1。

2. 离子交换树脂技术介绍

1）阳离子交换技术

阳离子交换是靠阳离子交换树脂实现的。其树脂含有大量的磺酸基—SO_3H 或羧基—$COOH$。此类树脂可与水中的金属离子发生置换，将金属离子置换到树脂上，并将树脂上的氢离子置换到水中，使水中仅能含有少量钾、钠金属阳离子的酸性溶液。阳离子树脂一般还分为强酸性阳离子交换树脂和弱酸性阳离子树脂两大类。

（1）强酸性阳离子交换树脂。这类树

表4.1 水中杂质的去除方法

分类	格栅	沉淀池	离子交换	膜分离
细分	粗、细两类	按功能、水流向划分	阴、阳两种	按孔径、分离组件及高分子材料三方面划分
特点	物理、机械分离	物理、化学和物理化学分离	离子置换（交换）分离	孔径与外界力共同效应的协同作用
应用	分离机械杂质和大颗粒物	分离细小固体颗粒或沉淀浊物	转换成中性水分子	有纳滤、反渗透、微滤和超滤等不同目的分离

脂含有大量的强酸性基团，如磺酸基—SO_3H，容易在溶液中离解出H^+，故呈强酸性。树脂离解后，本体所含的负电基团，如—SO_3^{2-}，能吸附结合溶液中的其他阳离子。这两个反应使树脂中的H^+与溶液中的阳离子互相交换。强酸性树脂的离解能力很强，在酸性或碱性溶液中均能离解和产生离子交换作用。

（2）弱酸性阳离子树脂。这类树脂含弱酸性基团，如羧基—COOH，能在水中离解出H^+而呈酸性。树脂离解后余下的负电基团，如R—COO—（R为碳氢基团），能与溶液中的其他阳离子吸附结合，从而产生阳离子交换作用。这种树脂的酸性即离解性较弱，在低pH下难以离解和进行离子交换，只能在碱性、中性或微酸性溶液中（如pH5~14）起作用。这类树脂亦是用酸进行再生（比强酸性树脂较易再生）。

2）阴离子交换技术

除阳离子树脂外，科学家还制备出了阴离子树脂。同理，树脂中含有大量的季胺基（亦称四级胺基）—NR_3OH（R为碳氢基团）或胺基（—NH_2）。它们在水中会与阴离子（如SO_4^{2-}、PO_4^{3-}、CO_3^{2-}、Cl^-等）实现交换并被吸附到树脂上，使水中仅能含有少量

氯离子的碱性溶液。阴离子树脂一般还分为强碱性阴离子树脂和弱碱性阴离子树脂两大类。

（1）强碱性阴离子树脂。这类树脂含有强碱性基团，如季胺基（亦称四级胺基）—$NR3OH$（R为碳氢基团），能在水中离解出OH^-而呈强碱性。这种树脂的离解性很强，在不同pH下都能正常工作。它用强碱（如NaOH）进行再生。

（2）弱碱性阴离子树脂。这类树脂含有弱碱性基团，如伯胺基（亦称一级胺基）—NH_2、仲胺基（二级胺基）—NHR、或叔胺基（三级胺基）—NR_2，它们在水中能离解出OH^-而呈弱碱性。这种树脂的正电基团能与溶液中的阴离子吸附结合，从而产生阴离子树脂作用。这种树脂在多数情况下是将溶液中的整个其他酸分子吸附。它只能在中性或酸性条件（如pH1~9）下工作。它可用Na_2CO_3、NH_3H_2O进行再生。

一般情况下，水先进入阴离子柱，然后再进入阳离子柱。现在多制备成混合床柱，即阴、阳离子交换树脂制备成一根柱子。

目前此类技术应用最广的是处理锅炉软化水。

3. 膜处理分离

膜处理技术自20世纪出现后，已被广

泛应用于水处理的各个领域，特别是超滤和反渗透。

（1）膜处理按孔径不同分类。依据其孔径的不同（或称为截留分子量），可将膜分为微滤膜、超滤膜、纳滤膜和反渗透膜。

（2）膜处理按材料不同分类。根据材料的不同，可分为无机膜和有机膜，无机膜主要是陶瓷膜和金属膜；有机膜的材料很多，如醋酸纤维素、芳香族聚酰胺、聚醚砜、聚氟聚合物等。

（3）膜处理按膜组件不同分类。膜分离组件主要分为陶瓷膜、平板膜、不锈钢膜、中空纤维膜、卷式膜、管式膜。

4. 反渗透膜处理原理介绍

1）分类与原理

反渗透又称逆渗透。是一种以压力差为推动力，从溶液中分离出溶剂的膜分离操作。对膜一侧的料液施加压力，当压力超过它的渗透压时，溶剂会逆着自然渗透的方向作反向渗透。从而在膜的低压侧得到透过的溶剂，即渗透液。高压侧得到浓缩的溶液，即浓缩液。

若用反渗透处理海水，在膜的低压侧得到淡水，在高压侧得到卤水。

反渗透时，溶剂的渗透速率即液流能量为

$$N = K_h p$$

式中 K_h ——水力渗透系数，它随温度升高稍有增大；

P ——膜两侧的静压差，为膜两侧溶液的渗透压差。

在稀溶液的渗透压为

$$p = icRT$$

式中 i ——溶质分子电离生成的离子数；

c ——溶质的物质的量浓度（mol/L）；

R ——摩尔气体常数；

T ——热力学温度。

反渗透膜是实现反渗透的核心元件，是一种模拟生物半透膜制成的具有一定特性的人工半透膜。反渗透膜的结构，有非对称膜和均相膜两类。

当前使用的膜材料主要为醋酸纤维素膜、芳香族聚酰肼膜、芳香族聚酰胺膜。其组件有中空纤维式、卷式、板框式和管式。

一般用高分子材料制成。表面微孔的直径一般在0.5~10 nm，透过性的大小与膜本身的化学结构有关。有的高分子材料对盐的排斥性好，而水的透过速度并不快。有的高分子材料化学结构具有较多亲水基团，因而水的透过速度相对较快。因此一种满意的反渗透膜应具有适当的渗透量或脱盐率。反渗透膜应具有以下特征：

（1）在高流速下应具有高效脱盐率；

（2）具有较高机械强度和使用寿命；

（3）能在较低操作压力下发挥功能；

（4）能耐受化学或生化作用的影响；

（5）受pH、温度等因素影响较小；

（6）制膜原料来源容易，加工简便，成本低廉。

2）反渗透膜安装操作

（1）安装前要检查的相关事项。对于一套新的工业全自动反渗透纯水设备，反渗透膜在装入压力容器之前，必须检查以下内容：

① 用于润滑的甘油、固定工具、防水胶鞋、手套及其他防护装备准备齐全。

② 确认对前面存在预处理装置（石英砂或活性炭过滤器）冲洗干净，SDI<5。

③ 检查反渗透膜上游的进水管路，确保里面没有淤泥、油、金属碎屑等，并确认已经对上游管道、压力容器及高压管路冲洗干净。

④ 检查预处理系统是否运转正常，其出水SDI、浊度、余氯、温度、pH、ORP等是否符合反渗透膜进水要求。

⑤ 高压泵前保安过滤器内装是否已经安装了清洁滤芯。

（2）反渗透膜元件安装前准备。

① 清洁压力容器：在安装反渗透膜元件之前需要清洁压力容器的内部环境，达到防止污垢或碎片沉积在膜元件外表面的效果。建议用海绵球浸入50%的甘油溶液以后，采用合适的工具在膜壳内部来回擦洗，将膜壳内壁清洁干净。在清洁过程中，要注意不让工具划伤膜壳内表面。

② 冲洗系统管路：如果系统是全新的，在安装反渗透膜之前需要充分冲洗系统管路，以防止碎片、溶剂、或余氯等与膜元件接触。

（3）反渗透膜元件的安装顺序。膜元件务必安装在其对应的压力容器当中。

① 通常膜元件置于1%浓度的亚硫酸氢钠溶液中保存，首先应用纯水充分冲洗。

② 膜元件的给水侧有一个浓水密封圈、注意密封圈的安装方向是口朝上游张开。浓水密封圈的功能是保证原水全部流到膜元件内不发生旁流。原水自身流速会使浓水密封圈的开口朝压力容器内壁紧压密封。若密封圈的安装方向相反，原水不能密闭，造成一部分原水流到膜元件外侧，使膜表面流速降低，导致产生结垢，从而缩短膜的使用寿命。

③ 确认O型圈安装在连接配件指定位置上。在安装的时候需要

注意O型圈及连接件表面是否有无划伤或附着物。要注意不要将O型圈扭曲安装。若连接件发生泄漏，原水就会进入到产水中，会导致产水水质下降。安装在集水管上的时候，O型圈和集水管的表面用纯水、蒸馏水或甘油沾湿以便于安装。

④ 卸下压力容器两侧的端板安装膜元件。将适配器安装在第一支膜元件的集水管浓水侧（下游）。然后将膜元件沿原水水流方向推进，装入压力容器内。多支反渗透膜元件连续安装时，前一支膜元件完全进入膜壳之前，就要准备下一支膜元件与连接件连接。同时要注意不要让膜元件与压力容器边缘接触，以防产生擦伤，尽量平行推入压力容器中。

⑤ 确认压力容器的适配器连接之后，将浓水侧端板与膜壳进行连接操作。

⑥ 完成浓水侧端板的安装以后，应再次从进水侧向浓水侧推动膜元件装置，保证其完全紧密连接。然后再进行进水侧端板的安装操作，安装进水侧端板时应注意测量端板与适配器之间的间隙。如果有间隙，安装内径大于适配器外径的厚度为1/8″~1/4″的塑料垫片，直至使端板不能够完全安装到位，在这个时候取下一支垫片后再次安装好端板即可。

（4）反渗透膜元件的拆卸。

① 拆下压力容器周围的管道之后，需要卸下压力容器两端的端板装置。

② 从原水入口处将膜元件朝下游推出，在浓水出口侧将膜元件一支接一支地取出。反渗透膜元件推出的时候不要使用坚硬的金属棒。

③ 反渗透膜元件的保存方法如果不严格进行遵守的话，就极可能会导致膜性能发生较为严重的变化，所以用户需要充分留意。

3）反渗透膜元件清洗步骤

清洗反渗透膜元件的一般具体步骤如下：

（1）用泵将干净、无游离氯的反渗透产品水从清洗箱（或相应水源）打入压力容器中并排放几分钟。

（2）用干净的产品水在清洗箱中配制清洗液。

（3）将清洗液在压力容器中循环1小时或预先设定的时间。

（4）清洗完成以后，排净清洗箱并进行冲洗，然后向清洗箱中充满干净的产品水以备下一步冲洗。

（5）用泵将干净、无游离氯的产品水从清洗箱（或相应水源）打入压力容器中并排放几分钟。

（6）在冲洗反渗透系统后，在产品水排放阀打开状态下运行反渗透系统，直到产品水清洁、无泡沫或无清洗剂（通常15~30分钟）。

4）选择反渗透膜

选择反渗透RO膜需要考虑的性能指标通常分为三个：脱盐率、产水量、回收率。

（1）RO反渗透膜的脱盐率和透盐率。RO反渗透膜元件的脱盐率在其制造成形时就已确定，脱盐率的高低取决于反渗透RO膜元件表面超薄脱盐层的致密度，脱盐层越致密脱盐率越高，同时产水量越低。反渗透膜对不同物质的脱盐率主要由物质的结构和相对分子质量决定，对高价离子及复杂单价离子的脱盐率可以超过99%，对单价离子如钠离子、钾离子、氯离子的脱盐率稍低，但也可超过98%（反渗透膜使用时间越长，化学清洗次数越多，反渗透膜脱盐率越低），对相对分子质量大于100的有机物脱除率也可达到98%，但对相对分子质量小于100的有机物脱除率较低。

反渗透膜的脱盐率和透盐率计算方法：

RO膜的盐透过率=RO膜产水浓度/进水浓度×100%

RO膜的脱盐率=（1-RO膜的产水含盐量/进水含盐量）×100%

RO膜的透盐率=100%-脱盐率

（2）RO反渗透膜的产水量和渗透流率。RO膜的产水量指反渗透系统的产水能力，即单位时间内透过RO膜的水量，通常用吨/小时或加仑/天来表示。

RO膜的渗透流率也是表示反渗透膜元件产水量的重要指标。指单位膜面积上透过液的流率，通常用加仑每平方英尺每天（GFD）表示。过高的渗透流率将导致垂直于RO膜表面的水流速加快，加剧膜污染。

（3）RO反渗透膜的回收率。RO膜的回收率指反渗透膜系统中给水转化成为产水或透过液的百分比。依据反渗透系统中预处理的进水水质及用水要求而定的。RO膜系统的回收率在设计时就已经确定。

① RO膜的回收率 =（RO膜的产水流量/进水流量）×100%

② 反渗透（纳滤）膜组件的回收率、盐透过率、脱盐率计算公式如下：

反渗透膜组件的回收率 = RO膜组件产水量/进水量×100%

反渗透膜组件的盐分透过率 = RO膜组件产水浓度/进水浓度×100%

5）影响因素

（1）进水压力对反渗透膜的影响。进水压力本身并不会影响盐透过量，但是进水压力升高使得驱动反渗透的净压力升高，使得产水量加大，同时盐透过量几乎不变，增加的产水量稀释了透过膜的盐分，降低了透盐率，提高脱盐率。当进水压力超过一定值时，由于过高的回收率，加大了浓差极化，又会导致盐透过量增加，抵消了增加的产水量，使得脱盐率不再增加。

（2）进水温度对反渗透膜的影响。反渗透膜产水电导对进水水温的变化十分敏感，随着水温的增加水通量也线性地增加，进水水温每升高1℃，产水量就增加2.5%~3.0%；（以25℃为标准）

（3）进水pH对反渗透膜的影响。进水pH对产水量几乎没有影响，而对脱盐率有较大影响。pH在7.5~8.5之间，脱盐率达到最高。

（4）进水盐浓度对反渗透膜的影响。渗透压是水中所含盐分或有机物浓度的函数，进水含盐量越高，浓度差也越大，透盐率上升，从而导致脱盐率下降。

6）反渗透膜元件的保管条件

（1）新膜（使用前）。

① 膜元件必须一直保持在湿润状态。即使是在为了确认同一包装的数量而需暂时打开时，也必须是在不捅破塑料袋的状态下，此状态应保存到使用时为止。

② 在超过10℃的氛围中保存时也要避免直射阳光，选择通风良好的场所。这时，保存温度勿超过35℃。

③ 如果发生冻结就会发生物理破损，所以要采取保温措施，勿使之冻结。

（2）通水后膜元件。

① 膜元件必须一直保持在阴暗场所，保存温度勿超过35℃，并要避免阳光直射。

② 温度为0℃以下时有冻结的可能，要采取防冻结措施。

③ 复合系列膜元件要用含有重亚硫酸钠（500~1000 mg/L，pH3~6）的纯水或反渗透过滤水进行浸泡。

④ 无论在何种情况下进行保存时，都不能使膜处于干燥状态。

⑤ 保存液的浓度及pH都要保持在上述范围，需定期检查。如果发生偏离上述范围时，要再次调制保存液。

5. 超滤膜处理原理介绍

1）超滤装置分类介绍

超滤装置是在一个密闭的容器中进行，

以压缩空气为动力，推动容器内的活塞前进，使样液形成内压，容器底部设有坚固的膜板。小于膜板孔径直径的小分子，受压力的作用被挤出膜板外，大分子被截留在膜板之上。超滤开始时，由于溶剂分子均匀地分布在溶液中，超滤的速度比较快。但是，随着小分子的不断排出，大分子被截留堆积在膜表面，浓度越来越高，自下而上形成浓度梯度，这时超滤速度就会逐渐减慢，这种现象称为浓度极化现象。为了克服浓度极化现象，增加流速，设计了几种超滤装置：

（1）无搅拌式超滤。这种装置比较简单，只是在密闭的容器中施加一定压力，使小分子和溶剂分子挤压出膜外，无搅拌装置浓度极化较为严重，只适合于浓度较稀的小量超滤。

（2）搅拌式超滤。搅拌式超滤是将超滤装置位于电磁搅拌器之上，超滤容器内放入一支磁棒。在超滤时向容器内施加压力的同时开动磁力搅拌器，小分子溶剂和溶剂分子被排出膜外，大分子向滤膜表面堆积时，被电磁搅拌器分散到溶液中。这种方法不容易产生浓度极化现象，提高了超滤的速度。

（3）中空纤维超滤。由于膜板式超滤装置，截留面积有限，中空纤维超滤是在一支空心柱内装有许多

的、中空纤维毛细管，两端相通，管的内径一般在 0.2 mm 左右，有效面积可以达到 1 cm^2，每一根纤维毛细管像一个微型透析袋，极大地增大了渗透的表面积，提高了超滤的速度。纳米膜表超滤膜也是中空超滤膜的一种。

2）相关计算介绍

（1）膜表面积计算。

$$S_{内} = \pi \times d \times L \times n$$

（内压式）

$$S_{外} = \pi \times D \times L \times n$$

（外压式）

式中，$S_{内}$ 为膜丝总内表面积；

d 为超滤膜丝的内径；

$S_{外}$ 为膜丝总外表面积；

D 为超滤膜丝的外径；

L 为超滤膜丝的长度；

n 为超滤膜丝的根数。

内压式和外压式中空纤维超滤膜

注：14.5 psi = 1.0 bar = 100 kPa = 0.1 MPa。

（2）超滤工艺参数。超滤膜组件的主要技术参数包括：膜材料、膜孔径和膜结构的选择，操作压力、膜面流速、反清洗时间和反清洗周期及膜寿命等。

在操作压力为 0.1~0.6 MPa，温度小于 60 ℃时，超滤膜的膜通量以 1~500 L/（m^2·h）为宜。

① 影响膜通量的因素有：原水预处理工艺、进水浓度、膜面流速、温度、操作压力、pH等。

② 温度控制：一般温度升高膜通量增大与黏性有关，温度升高流速增加，降低渗透阻力。

③ 操作压力：在不同的膜面流速下，操作压力对膜通量的影响基本呈现相同的趋势，随压力的增加而增加，但当压力达到一定值后，增加压力对水通量几乎不变。

膜面流速的影响：膜面流速与压力对膜通量的影响为相互关联。当压力较低时，膜面流速对渗透率影响不大；当压力较高时，膜面流速对水通量影响很大

膜必须定期清洗，以延长膜的寿命，正常使用的膜的寿命为12~18个月。

3）影响超滤膜水通量的因素

（1）工作周期或称使用时间。随着超滤膜的使用，超滤膜慢慢地受到各种污染，堵塞了膜孔，从而逐渐降低了膜的水通量。如果使用一段时间的超滤膜上的水通量下降到一定水平，需要清洗超滤膜，则该时间段被称为一个工作周期。该工作周期必须通过实验加以确定，同时其时间也会由于膜的老化而缩短。

膜表面的流速：随着超滤膜表面的流速增加，超滤膜水通量也会增加。增加膜表面流速可以防止和改善膜表面的浓差极化。但是增加膜表面的流速会增加泵的能耗，并增加运行成本。对于特定类型的废水设计流量，必须测试所选膜组件类型的允许流速范围，并得出不同膜表面的流速与给定浓度和压力下膜水通量之间的关系。增加膜表面上的流速。将水通量和能耗与技术和经济性进行比较，最终确定该过程中使用的膜表面流速。

（2）工作压力。超滤膜的水通量与操作压力之间的关系取决于溶液特性。如果进水条件符合要求，则超滤膜的水通量与压力成正比。

4）超滤膜水通量计算实例

假设要求一天产水$480.0 \, m^3$，即$20.0 \, m^3/h$，则实际产水量必须不少于多少？

（1）如选定每29 min进行一次反冲洗，每次反冲洗时间为40 s，反冲洗前后又需要各一次正冲洗，则完成一次反冲洗过程实际耗时为30 min；

（2）一天24小时，反冲洗次数为：$24 \times 60/30 = 48$（次/天）

（3）一天产水时间为：$24 \times 29 \times 2 = 1392$（min）

（4）实际产水：产水量 $= 20 \times 24 \times 60/1392 = 20.69$（$m^3/h$）

（5）反冲时间所产水：反冲产水量 $= 20.69 \times 2 \times (1440-1392)/60 \times 60 = 0.55$（$m^3/h$）

（6）最终产水量：总产水量 $= 20.69+0.55 = 21.24$（m^3/h）

（四）本案例应用的机械设备

1. 超滤膜的安装

从工厂装运的工业超滤膜组件含有保护液。在每一个端口上都有紧固的端帽，可以防止保护液的渗漏。在安装之前，用户可以冲洗组件中的保护液。一般安装程序如下：

（1）彻底冲洗系统及管线，以防止外物进入膜组件。

（2）拆掉3个接口上的塑料端帽。

（3）将组件放到支架上，底端中心处接触支架。将膜组件放到底部支架上，安上两只卡箍。将曲线形马鞍衬垫安置在组件和支架之间。

（4）松开组件端盖夹具，以便于对侧接口的位置进行调整。将端口调整到位，拧紧端口夹具，组件端口与母管端口之间要完全接触。

（5）连接所有的端口，开始启动原水泵。推荐使用卡套式快装接头连接。上紧所有的卡套接头。缓慢加压，检查连接部位是否有渗漏。

（6）用自来水或透过水对系统进行全面冲洗。

2. 在安装时需要考虑以下内容

（1）采用正确的安装方向。从膜壳的进水端往浓水端推进，反向安装超滤膜会导致浓水密封环损坏。超滤膜没有黑色密封圈的浓水端首先进入膜壳，超滤膜有黑色密封圈的进水端后进入膜壳，如果反向可能导致系统运行时切向流速不够，浓差极化和污染速度增加。

（2）使用正确的润滑剂，推荐使用甘油（丙三醇）。严格禁止使用洗洁精、凡士林以及其他油类润滑剂，洗洁精属于阳离子表面活性剂会导致电负性的超滤膜水量下降，其他油性润滑剂会导致超滤膜中心管脆化损坏。

（3）安装结束前必须消除安装间隙，即使是合格的膜壳和超滤膜也会有尺寸偏差，当系统运行时由于存在安装间隙，超滤膜会在膜壳内来回滑动，撞击膜壳端板，从而导致故障。当进水侧膜壳端盖被锁定前，必须在膜壳与超滤膜之间连接的适配器上安装垫片消除安装间隙。

3. 阀门

阀门是在流体系统中，用来控制流体的方向、压力、流量的装置，是使配管和设备内的介质（液体、气体、粉末）流动或停止并能控制其流量的装置。

1）分类

（1）按用途分类，如截断类、止回类、调节类；

（2）按压力分类，如高压阀、中压阀、真空阀；

（3）按结构特征分类，如截门形、球形、闸门形、旋启形、蝶形；

（4）按介质工作温度分类，如高温、中温、常温、低温；

（5）按与管道连接方式分类，如法兰连接、螺纹连接。

通用分类法既按原理、作用又按结构划分，是目前国际、国内最常用的分类方法。一般分：闸阀、截止阀、节流阀、仪表阀、柱塞阀、隔膜阀、旋塞阀、球阀、蝶阀、止回阀、减压阀、安全阀、疏水阀、调节阀、底阀、过滤阀、排污阀等。

2）阀门的基本参数

（1）公称直径。公称直径又叫平均外径，是管路系统中所有管路附件用数字表示的尺寸，公称通径是供参考用的一个方便的圆整数，与加工尺寸仅呈不严格的关系。

公称通径用字母"DN"后面紧跟一个数字标志。英寸NB（inch）与公称直径DN（mm）、外径OD（mm）的关系见表4.2。

（2）公称压力。阀门的公称压力是指在国家标准规定温度下阀门允许的最大工作压力，以便用来选用管道的标准元件（规定温度：对于铸铁和铜阀门为0~120 ℃；对于碳素钢阀门为0~200 ℃；对于钼钢和铬钼钢阀门为0~350 ℃），以符号PN表示。

（3）适用介质。由于水处理过程中有多种物质，上述阀门适用于：气体、液体、含固体的均匀液体或非均匀液体、腐蚀性或含毒类液体等。

表4.2 NB、DN、OD的关系

NB/inch	DN/mm	OD/mm
1/8	6	4.2
1/4	8	8.4
3/8	10	12.5
1/2	15	21.3
3/4	20	26.7
1	25	33.4
$1\frac{1}{4}$	32	42.2
$1\frac{1}{2}$	40	48.3
2	50	60.3
$2\frac{1}{2}$	65	73.0
3	80	88.9
4	100	114.3
5	125	139.8
6	150	168.3
8	200	219.1

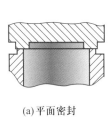 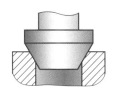 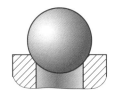

(a) 平面密封　　　　　(b) 锥面密封　　　　　(c) 球面密封

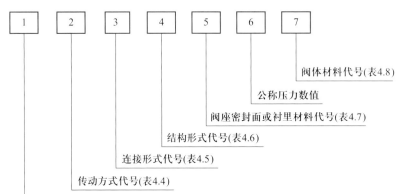

阀体材料代号(表4.8)

公称压力数值

阀座密封面或衬里材料代号(表4.7)

结构形式代号(表4.6)

连接形式代号(表4.5)

传动方式代号(表4.4)

类型代号(表4.3)

（4）试验压力。处理工艺中为"强度试验压力"和"密封试验压力"。

（5）阀门密封。由阀座和关闭件组成，依靠阀座和关闭件的密封面紧密接触或密封面受压塑性变形而达到密封的目的。一般分为：平面密封、锥形密封、球面密封（见图4.2）。

3）阀门型号的编制方法

阀门产品的型号是由七个单元组成，用来表明阀门类别、传动方式、连接和结构形式、密封面或衬里材料、公称压力及阀体材料。公称压力数值用阿拉伯数字直接表示（见图4.3）。

表4.3　阀门类型代号

阀门类型	代号	阀门类型	代号	阀门类型	代号
闸阀	Z	球阀	Q	疏水阀	S
截止阀	J	旋塞阀	X	安全阀	A
节流阀	L	液面指示器	M	减压阀	Y
隔膜阀	G	止回阀	H		
柱塞阀	U	蝶阀	D		

表4.4　传动方式代号

传动方式	代号	传动方式	代号
电磁阀	0	伞齿轮	5
电磁－液动	1	气动	6
电－液动	2	液动	7
涡轮	3	气－液动	8
正齿轮	4	电动	9

表4.5 连接形式代号

连接形式	代号	连接形式	代号
内螺纹	1	对夹	7
外螺纹	2	卡箍	8
法兰	4	卡套	9
焊接	6		

表4.6 阀门结构形式代号

结构形式			代号
阀门启闭时阀杆运动方式	阀板结构形式		
阀杆升降移动（明杆）	闸阀的两个密封面为楔式，单块闸板	有弹性槽	0
		无弹性槽	1
	闸阀的两个密封面为楔式，双块闸板		2
	闸阀的两个密封面平行，单块平板		3*
	闸阀的两个密封面平行，双块闸板		4
阀杆仅旋转，无升降移动（暗杆）	闸阀的两个密封面为楔式	单块阀板	5
		双块阀板	6
	闸阀的两个密封平行，单块闸板		8

* 阀板无导流孔，在结构形式代号后加汉语拼音小写 w 表示，如 3w。

表4.7 阀座密封面或衬里材料代号

阀座密封面或衬里材料	代号	阀座密封面或衬里材料	代号
铜合金	T	渗氮钢	D
橡胶	X	硬质合金	Y
尼龙塑料	N	衬胶	J
氟塑料	F	衬铅	Q
巴氏合金	B	搪瓷	C
合金钢	H	渗硼钢	P

表4.8 阀体材料代号

阀体材料	代号	阀体材料	代号
HT25—47	Z	Cr5Mo	I
KT30—6	K	1Cr18Ni9Ti	P
QT40—15	Q	Cr18Ni12Mo2Ti	R
H62	T	12CrMoV	V
ZG25	C		

4）常见阀门

（1）闸阀。闸阀是指启闭体（阀板）由阀杆带动阀座密封面作升降运动的阀门，可接通或截断流体的通道。当阀门部分开启时，在闸板背面产生涡流，易引起闸板的侵蚀和震动，也易损坏阀座密封面，修理困难。闸阀通常适用于不需要经常启闭，而且保持闸板全开或全闭的工况。不适用于作为调节或节流使用。如图4.4所示。

闸阀在管路中主要作切断用，一般口径DN ≥ 50 mm的切断装置多选用它，有时口径很小的切断装置也选用闸阀。闸阀有以下优点：

① 流体阻力小。

② 开闭所需外力较小。

③ 介质的流向不受限制。

④ 全开时，密封面受工作介质的冲蚀比截止阀小。

⑤ 体形比较简单，铸造工艺性较好。

闸阀也有不足之处：

① 外形尺寸和开启高度都较大。安装所需空间较大。

② 开闭过程中，密封面间有相对摩擦，容易引起擦伤现象。

③ 闸阀一般都有两个密封面，给加工、研磨和维修增加一些困难。

（2）截止阀和节流阀。截止阀和节流阀都是向下闭合式阀门，启闭件（阀瓣）由阀杆带动，沿阀座轴线作升降运动来启闭阀门。如图4.5所示。

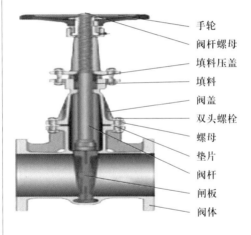

◀图 4.4
闸阀

手轮
阀杆螺母
填料压盖
填料
阀盖
双头螺栓
螺母
垫片
阀杆
闸板
阀体

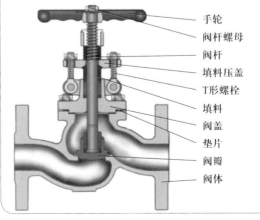

◀图 4.5
截止阀

手轮
阀杆螺母
阀杆
填料压盖
T形螺栓
填料
阀盖
垫片
阀瓣
阀体

某车间浆液阀统计表

阀门规格	数量	公称压力	连接方式	操作方式	介质	安装地点
DN300	4	1.0	对夹	手动	污水	细格栅间放空井放空管
DN400	12	1.0	对夹	手动	污水	生物池放空管
DN125	18	1.0	对夹	手动	污水	剩余及回流污泥泵房
DN400	27	1.0	对夹	手动	污水	进水渠道及沉淀池放空管
DN150	96	1.0	对夹	手动	污水	砂滤池
DN500	3	1.0	对夹	手动	清水	清水池
DN250	5	1.0	对夹	手动	污泥	浓缩脱水机房浓缩机进泥泵进泥管
DN200	10	1.0	对夹	手动	污泥	浓缩脱水机房浓缩机进泥泵出泥管
DN125	9	1.0	对夹	手动	污泥	浓缩脱水机房污泥储存罐出泥管、脱水机进泥泵吸泥管
DN100	9	1.0	对夹	手动	污泥	浓缩脱水机房脱水机进泥泵出泥管，浓缩机出泥泵出泥管
DN150	1	1.0	对夹	手动	再生水	浓缩脱水机房储水池I放空管
DN150	1	1.0	对夹	手动	再生水	浓缩脱水机房储水池II放空管

注：浆液阀依据型号判断属于闸阀（PZ73X-10P，P排污阀，Z闸阀，7对夹，3平行式单闸板，X密封橡胶，10 bar，P渗硼钢）。浆液阀是用于浆液管道使用的，阀座是橡胶的跟闸板边缘接触密封的，阀门可以双向受压，底部无凹槽，使得阀门不堵渣，这类阀门一般用在清水、污水和液态介质里。

某车间闸阀统计表

阀门规格	数量	公称压力	连接方式	操作方式	介质	安装地点
DN80	6	1.0	法兰	手动	药液	甲醇加药系统
DN80	2	1.0	法兰	手动	再生水	配水泵房
DN100	2	1.0	法兰	手动	污水	细格栅间及曝气沉砂池浮渣冲洗泵出水管

Z45T-10Z，Z闸阀，4法兰，5楔式单闸板，密封，T铜合金，10bar，Z灰铸铁。

截止阀与节流阀的结构基本相同，只是阀瓣的形状不同：截止阀的阀瓣为盘形，节流阀的阀瓣多为圆锥流线型，特别适用于节流，可以改变通道的截面积，用以调节介质的流量与压力。

截止阀的启闭件是塞形的阀瓣，密封上面呈平面或海锥面，阀瓣沿阀座的中心线做直线运动。阀杆的运动形式，（通用名称：暗杆），也有升降旋转杆式可用于控制空气、水、蒸汽、各种腐蚀性介质、泥浆、油品、液态金属和放射性介质等各种类型流体的流动。因此，这种类型的截流截止阀阀门非常适合作为切断或调节以及节流用。由于该类阀门的阀杆开启或关闭行程相对较短，而且具有非常可靠的切断功能，又由于阀座通口的变化与阀瓣的行程成正比例关系，非常适合于对流量的调节。

截止阀在管路中主要作切断用。

节流阀在管路中主要作节流使用。

截止阀有以下优点：

① 在开闭过程中密封面的摩擦力比闸阀小，耐磨。

② 开启高度小。

③ 通常只有一个密封面，制造工艺好，便于维修。

截止阀使用较为普遍，但由于开闭力矩较大，结构长度较长，一般公称通径都限制在DN≤200 mm以下。截止阀的流体阻力损失较大。因而限制了截止阀更广泛的使用。

（3）球阀。球阀的阀芯旋转体是球体。当球旋转90°时，在进、出口处应全部呈现球面，从而截断流动。如图4.6所示。

球阀在管路中主要用来做切断、分配和改变介质的流动方向。它具有以下优点：

① 结构简单、体积小、质量轻，维修方便。

② 流体阻力小，紧密可靠，密封性能好。

③ 操作方便，开闭迅速，便于远距离的控制。

④ 球体和阀座的密封面与介质隔离，不易引起阀门密封面的侵蚀。

⑤ 适用范围广，通径从小到几毫米，大到几米，从高真空至高压力都可应用。

（4）蝶阀。蝶阀是由阀体、圆盘、阀杆、和手柄组成。它是采用圆盘式启闭件，圆盘式阀瓣固定于阀

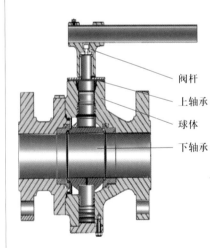

◄图 4.6
球阀

阀杆
上轴承
球体
下轴承

某车间球阀统计表						
阀门规格	数量	公称压力	连接方式	操作方式	介质	安装地点
DN50	9	1.0	法兰	手动	污泥或清水	进泥泵吸泥管
DN40	3	1.0	法兰	手动	絮凝剂	絮凝剂放空管
DN25	9	1.0	法兰	手动	絮凝剂	浓缩脱水机房加药管

杆上，阀杆转动90°即可完成启闭作用。同时在阀瓣开启角度为20°~75°时，流量与开启角度呈线性关系，有节流的特性。如图4.7所示。

蝶阀广泛用于2.0 MPa以下的压力和温度不高于200 ℃的各种介质。

阀杆只做旋转运动，蝶板和阀杆没有自锁能力。要在阀杆上附加有自锁能力的减速器，使蝶杆能停在任意位置。

蝶阀的特点：

① 结构简单，外形尺寸小，结构长度短，体积小，质量轻，适用于大口径的阀门。

② 全开时阀座通道有效流通面积较大，流体阻力较小。

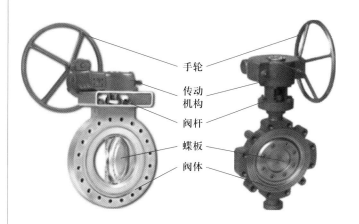

◀图 4.7 蝶阀

手轮
传动机构
阀杆
蝶板
阀体

某车间蝶阀统计表（部分）

阀门规格	数量	公称压力	连接/密封方式	操作方式	介质	安装地点
DN200	2	1.0	对夹	手动	污水	细格栅间及曝气沉砂池排沙管
DN600	12	1.0	法兰	手动	空气	生物池
DN500	12	1.0	法兰	手动	空气	生物池
DN400	12	1.0	法兰	手动	空气	生物池
DN200	138	1.0	对夹	手动	空气	生物池
DN300	6	1.0	法兰	手动	污水	砂滤池反冲洗废水池
DN400	9	1.0	法兰	手动	清水	砂滤池反冲洗泵房
DN350	9	1.0	法兰	手电动	清水	砂滤池反冲洗泵房
DN350	9	1.0	法兰	手动	清水	砂滤池反冲洗泵房
DN200	9	1.0	法兰	手动	空气	砂滤池反冲洗风机房
DN800	5	1.0	法兰	手动	空气	鼓风机房
DN150	5	1.0	法兰	手电动	空气	鼓风机房
DN1300	2	1.0	法兰	手电动	空气	鼓风机房

▼图 4.8
止回阀

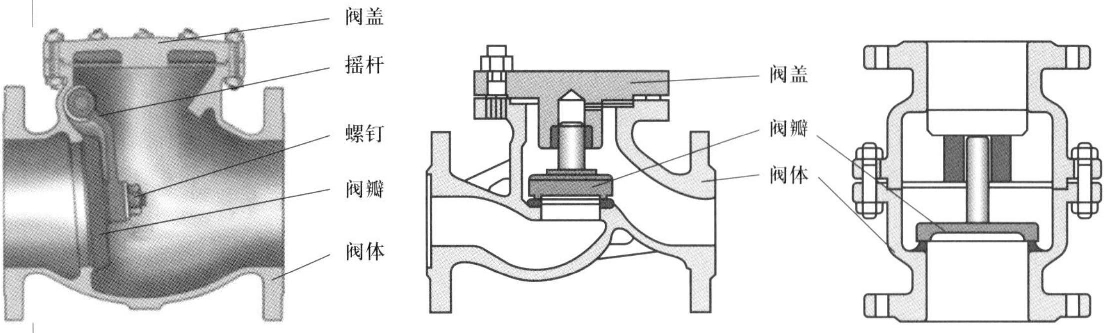

(a) 直通式升降止回阀　　　　　　(b) 立式升降止回阀

③ 启闭方便迅速，调节性能好。

④ 启闭力矩较小，由于转轴两侧蝶板受介质作用基本相等，而产生转矩的方向相反，因而启闭较省力。

⑤ 密封面材料一般采用橡胶、塑料、故低压密封性能好。

（5）止回阀。止回阀是指依靠介质本

某车间止回阀统计表

阀门规格	数量	公称压力	连接方式	介质	安装地点
DN100	2	1.0	法兰	污水	细格栅间及曝气沉砂池浮渣冲洗泵出水管
DN80	2	1.0	法兰	污水	配水泵房潜水排污泵
DN200	2	1.0	法兰	污水	接触池阀门井
DN700	9	1.0	法兰	再生水	配水泵房配水泵出水管
DN200	3	1.0	法兰	再生水	配水泵房中水循环泵出水管
DN250	6	1.0	法兰	再生水	配水泵房供水泵出水管
DN 25	9	1.0	法兰	絮凝剂	浓缩脱水机房加药管

某车间微阻缓闭止回阀统计表

阀门规格	数量	压力	连接	介质	安装地点
DN125	9	1.0	法兰	污水	剩余及回流污泥泵房
DN300	6	1.0	法兰	污水	砂滤池反冲洗废水池
DN350	9	1.0	法兰	再生水	砂滤池反冲洗泵房
DN200	5	1.0	法兰	污泥	浓缩脱水机房浓缩机进泥泵出泥管
DN100	9	1.0	法兰	污泥	浓缩脱水机房脱水机进泥泵出泥管，浓缩机出泥泵出泥管
DN80	2	1.0	法兰	再生水	浓缩脱水机房冲洗水管
DN80	6	1.0	法兰	清水	浓缩脱水机房稀释水管

身流动而自动开、闭阀瓣，用来防止介质倒流的阀门。

升降式止回阀的阀体形状与截止阀一样（可与截止阀通用），因此它的流体阻力系数较大。

旋启式止回阀，阀瓣围绕阀座外的销轴旋转，应用较为普遍。

碟式止回阀阀瓣围绕阀座内的销轴旋转。其结构简单，只能安装在水平管道上，密封性较差。

微阻缓闭止回阀又称逆止阀，其作用是防止管路中的介质倒流。启闭件靠介质流动和力量自行开启或关闭，以防止介质倒流的

阀门叫止回阀。止回阀属于自动阀类，主要用于介质单向流动的管道上，只允许介质向一个方向流动，以防止发生事故。适用于清净介质，不宜用于含有固体颗粒和黏度较大的介质。

5）AUMA 多回转电动执行器

（1）结构如图4.9所示。

（2）工作模式。如图4.10所示，当操作模式的负载大量改变时执行器和齿轮箱的工作模式是一个重要选择标准。

① 开关型。阀门操作相对较少，时间间隔可以从几分钟到几个月。

AUMA拔插式连接器（用户连接端子XK）

AUMA MATIC 铭牌

AUMA MATIC

多回转执行器 SA

开关腔盖

执行器铭牌

◀图4.9
AUMA 多回转电动执行器

▼图4.10
AUMA 多回转电动执行器的工作模式

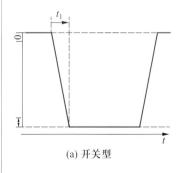

(a) 开关型

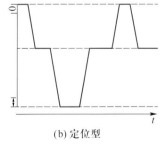

(b) 定位型

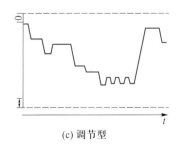

(c) 调节型

t_1是运行时间，在不受干扰的情况下最大为 15 min。

式，根据温度可分为标准（-25~80 ℃）、低温（-40~60 ℃）、超低温（-60~60 ℃）、高温型（0~120 ℃）4种。

② 定位型。可以将阀门操作到一个具体的中间位置。

③ 调节型。随着工况的改变进行调节，动作频繁。

（3）型号。AUMA多回转电动执行器的型号有SA、SAR、SAE、SARE。

SA系列适用于开关型和定位型工作模

SAR系列适用于调节型工作模式，根据温度可分为标准（-25~80 ℃）、低温（-40~60 ℃）、超低温（-60~60 ℃）3种。

SAE是SA的防爆型；SARE是SAR的防爆型。

（4）AUMA MATIC部件。

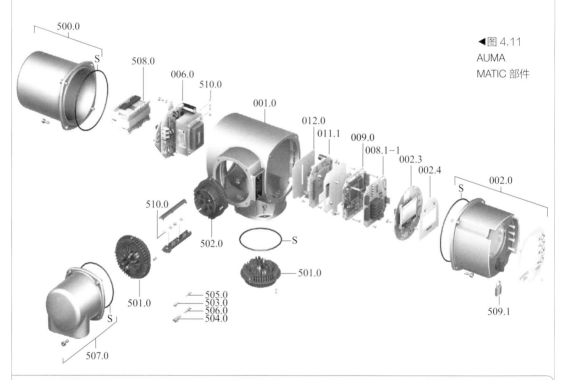

◀图 4.11
AUMA
MATIC 部件

序号	名称
001.0	外壳
002.0	就地控制装置
002.3	就地控制面板
002.4	显示面板
006.0	电源
008.1-1	I/O板
009.0	逻辑板
011.1	继电器板

续表

序号	名称
012.0	选配电路板
500.0	护盖
501.0	与插座一体的插座固定盘
502.0	不带插针的插针固定盘
503.0	控制线插座
504.0	电机插座
505.0	控制线插针
506.0	电机插针
507.0	插头盖
508.0	接触器
509.1	挂锁
510.0	保险丝套件
S	密封套件

（五）电控柜

具备电气基础知识，认识电气元件及工作方式，了解电气工作原理，正常状态的辨识，以及初步确认电气类故障和及时与相关人员的沟通汇报，不会将小故障酿成大事故，这是一线操作者的基本工作准则。

1. 振弦式压力传感器

振弦式压力传感器属于频率敏感型传感器，这种频率测量具有相当高的准确度，因为时间和频率是能准确测量的物理量参数，而且频率信号在传输过程中可以忽略电缆的电阻、电感、电容等因素的影响。同时，振弦式压力传感器还具有较强的抗干扰能力，零点漂移小、温度特性好、结构简单、分辨率高、性能稳定等优点，及便于数据传输、处理和存储，容易实现仪表数字化等特性，所以振弦式压力传感器也是传感技术发展的方向之一。如图4.12所示。

振弦式压力传感器的敏感元件是拉紧的钢弦，敏感元件——钢弦，有特定的频率和拉张力。弦的长度是固定的，弦的振动频率变化量可用来测算拉力的大小，即力的输入信号和频率输出信号间量的转换，达成测量。振弦式压力传感器由上下两个部分组成，下部构件主要是敏感元件组合体。上部构件是铝壳，包含一个电子模块和一个接线端子，分成两个小室放置，这样在接线时就不会影响电子模块室的密封性。振弦式压力传感器可以选择电流输出型和频率输出型。振弦式压力传感器在运作时，振弦以其谐振频率不停振动，当测量的压力发生变化时，频率会产生变化，这种频率信号经过转换器可以转换为4~20 mA的电流信号。

2. 液位控制开关

顾名思义，就是用来控制液位的开关。从形式上主要分为接触式和非接触式。非接触式的如电容式液位开关，接触式的例如浮球式液位开关、电极式液位开关、电子式液

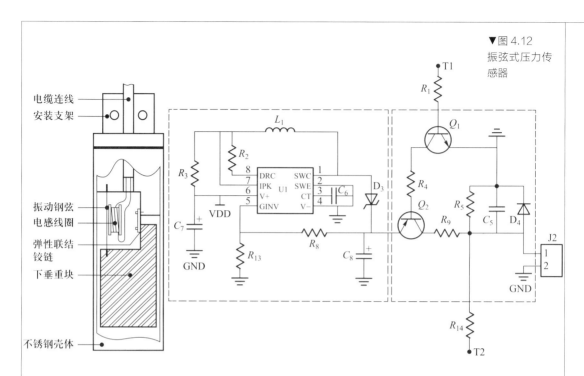

▼图 4.12
振弦式压力传感器

电缆连线
安装支架

振动钢弦
电感线圈
弹性联结
铰链
下垂重块

不锈钢壳体

位开关。电容式液位开关也可以采用接触式方法实现。

1）常见液位开关原理

（1）浮球式液位开关。浮球式液位开关结构主要是基于浮力和静磁场原理设计生产的。带有磁体的浮球（简称浮球）在被测介质中的位置受浮力作用影响：液位的变化导致磁性浮子位置的变化。浮球中的磁体和传感器（磁簧开关）作用，产生开关信号。

（2）电容式液位开关。电容式液位开关的测量原理是：固体物料的物位高低变化导致探头被覆盖区域大小发生变化，从而导致电容值发生变化。探头与罐壁（导电材料制成）构成一个电容。探头处

于空气中时，测量到的是一个小数值的初始电容值。当罐体中有物料注入时，电容值将随探头被物料所覆盖区域面积的增加而相应地增大，开关状态发生变化。

（3）外测液位开关。外测液位开关是一种利用"变频超声波技术"实现的非接触式液位开关，其测量探头安装在容器外壁上，属于一种从罐外检测液位的完全非接触检测仪表。仪表测量探头发射超声波，并检测其在容器壁中的余振信号，当液体漫过探头时，此余振信号的幅值会变小，这个改变被仪表检测到后输出一个开关信号，达到液位报警的目的。

（4）射频导纳液位开关。射频导纳物

位控制技术是一种从电容式物位控制技术发展起来的，防挂料、更可靠、更准确、适用性更广的物位控制技术，"射频导纳"中"导纳"的含义为电学中阻抗的倒数，它由阻性成分、容性成分、感性成分综合而成，而"射频"即高频，所以射频导纳技术可以理解为用高频测量导纳。高频正弦振荡器输出一个稳定的测量信号源，利用电桥原理，以精确测量安装在待测容器中的传感器上的导纳，在直接作用模式下，仪表的输出随物位的升高而增加。射频导纳技术与传统电容技术的区别在于测量参量的多样性、驱动三端屏蔽技术和增加的两个重要的电路。射频导纳技术由于引入了除电容以外的测量参量，尤其是电阻参量，使得仪表测量信号信噪比上升，大幅度地提高了仪表的分辨力、准确性和可靠性，测量参量的多样性也有力地拓展了仪表的可靠应用领域。

（5）阻旋式液位开关。物料对旋转叶片的阻旋作用，使开关的过负载检测器动作，继电器发出通、断开关式信号，从而使外接控制电路发出信号报警，同时控制给料机。如当开关作为高位控制时：

在物料触及叶片的情况下，开关发出报警信号，同时停止给料机。当开关作为低位控制时，在物料离开叶片的情况下，开关发出报警信号，同时启动给料机。

（6）电磁式液位开关。电磁式接近开关，又称电感式接近开关，在通电时，振荡回路（线圈等）在磁芯CORE的辅助下向前方发射电磁波，后又回到接近开关，当接近开关前端有金属时，由于金属吸收了电磁，接近开关通过电磁的衰减转换成开关信号，信号处理完成后再控制输出。

（7）电子式液位开关。电子式液位开关工作电压是DC5~24 V，通过内置电子探头对水位进行检测，再由芯片对检测到的信号进行处理，当被测液体的液位到达动作点时，输出DC5~24 V，可以直接与PLC配合使用或者与控制板配合使用，从而实现对液位的控制。

（8）光电式液位开关。光电液位开关使用红外线探测，利用光线的折射及反射原理，光线在两种不同介质的分界面将产生反射或折射现象。当被测液体处于高位时则被测液体与光电开关形成一种分界面，当被测液体处于低位时，则空气与光电开关形成另一种分界面，这两种分界面使光电开关内部光接收晶体所接收的反射光强度不同，即对应两种不同的开关状态。

（9）超声波液位开关。超声波液位开关内部压电晶体的叉形探头中间被空气隔开，一个晶体振动频率为 1.5 MHz 把声音信号传到空气间隙中间，探头浸入液体时，晶体、声波偶合，超声波液位开关改变状态。

2）部分液位开关优缺点

（1）浮球式液位开关。

优点：浮球式液位开关是一种结构简单、使用方便、安全可靠的液位控制器。它比一般机械开关速度快、工作寿命长。与电子开关相比，它又有抗负载冲击能力强的特点，并可以实现多点控制和易于维护等，被广泛使用。

缺点：浮球开关是简单的被动器件，并且不具有自检查功能，因此要定期检查与维护。浮球或浮筒物位计是活动部件，易被浓或稠液体黏污，造成测量精度较差。

该类开关对黏度<0.8 mPa·s 时，不适用。同时对容器内压力、密度、介电常数等也有要求，具体情况见技术指标。此外，安装需停产、清罐、开孔、动火。

（2）外测液位开关。

优点：① 安全：在测量有毒害、有腐蚀、有压力、易燃爆、易挥发、易泄漏的液体时，不使用阀门、连通管、

接头，没有漏点，不接触罐内的液体和气体，非常安全。即使在仪表损坏或维修状态下，也绝无引起泄漏、毒害、爆炸的可能。

② 安装、维修方便：安装维修时不动火，不清罐，不影响生产。

③ 可靠耐用：传感器和仪表中无机械运动部件，并严格密封，与外界隔离，不会磨损或腐蚀。

④ 适用广泛：与被测介质的压力、温度、密度、介电常数、黏度及有无腐蚀性无关。可广泛用于石化、化工、油库、石油、电力、液体储运、医药等行业。

缺点：对罐体的材质要求为不能是非硬质材料。对安装要求较高，测量探头安装间距为 1 m 左右，两个探头中间不能有焊缝（即在同一块钢板上）。

（3）射频导纳液位开关。

优点：① 通用性强：可测量液位及料位，可满足不同温度、压力、介质的测量要求，并可应用于腐蚀、冲击等恶劣场合。

② 防挂料：独特的电路设计和传感器结构，使其测量可以不受传感器挂料影响，无需定期清洁，避免误测量。

③ 免维护：测量过程无可动部件，不存在机械部件损坏问题，无须维护。

④ 抗干扰：接触式测量，抗干扰能力强，可克服蒸气、泡沫及搅拌等测量影响。

⑤ 准确可靠：测量多样化，使测量更加准确，测量不受环境变化影响，稳定性高，

使用寿命长。

（4）阻旋式液位开关。

优点：① 小料斗专业型技术，三个轴承支撑，运行更可靠；

② 独创的密封设计可防止粉尘渗入（专利实际）；

③ 扭力稳定可靠且扭力大小可调节；

④ 叶片承受过重负载，离合器自动打滑，保护电机不受损坏；

⑤ 机电分离式结构，整体免拆卸易维护；

（5）电磁式液位开关。

优点：电磁式有过压保护功能；电磁式漏电电流保护可到300 MA、分断范围多级、应用量大。

（6）电子式液位开关。

优点：耐污、耐倾摇、耐颠簸、抗摔性强、耐盐雾、耐酸碱，不怕磁场影响、不怕金属体影响、不怕水压变化影响、不怕光线影响，没有盲区，外部无可动部件，不怕固体漂浮物的影响。

（7）光电式液位开关。

优点：没有机械运动部件，可靠性高；体积小，性价比高；液位控制精度高，可重复性好。

缺点：不适用于冷冻液体和结晶液体。

（8）超声波液位开关。

优点：超声波液位计是非接触测量方式，±0.2%精度，1~25 m量程；优异的聚焦：5°声束角，多种传感器材质，内置

全量程温度补偿；超声波液位计测量有腐蚀（酸、碱）的介质、有污染的场合，或易产生黏附物的物质。适合于那些无法用物理方式接触的液体。

缺点：① 与被测介质黏度有关，被测介质黏度较大时不宜测量；

② 受温度影响，当温度高时，传播速度会发生变化，反应迟缓，会延迟报警。

3）部分开关常见故障与处理方法

（1）浮球式液位开关常见故障及处理方法。

浮球不工作可能是由于：

① 液体相对密度小于浮球相对密度。

② 浮球漏水。

③ 异物卡住浮球。

处理方法是：

① 重新确认浮球相对密度。

② 公司联系更换浮球。

③ 清除异物。

浮球工作，但无信号输出可能是由于：

① 浮球位置偏移。

② 磁簧开关损坏。

处理方法是：

① 调整浮球位置。

② 更换磁簧开关。

信号输出不正常可能是由于：附近有磁场干扰。

处理方法是：消除磁场。

有信号输出，但信号无法复原可能是由

于：浮球无法复归，有异物卡住。

处理方法是：清除异物。

一点会有两个信号输出可能是由于：环扣位置移动。

处理方法是：调整环扣位置。

（2）外测液位开关。

常见故障分析及处理：

① 参数丢失引起误报。

② 时间长耦合剂流失引起误报。

③ 有液没做双校准（只做单校准）容易误报。

（六）分析检测

膜处理工艺需要进行的分析检测项目有：pH、电导率、溶解氧、余氯等，该类指标一般均采用在线分析手段。若有需要，请参考下篇相关内容介绍。

（七）岗位操作中的安全注意事项

由于此类岗位的自动化程度较高，本岗位安全操作注意事项有：

（1）在氯气氧化杀菌（或二氧化氯、或臭氧）操作中，要特别注意环境中残留的有毒有害气体对操作人员的危害，定时做好通风换气工作，严禁上述气体残留浓度超标情况的出现。

（2）确保泄压阀的正常工作。由于此类操作为带压进行，当压力达到额定值后，就应自动泄压，为此应确保泄压阀的正常工作，否则会出现严重的安全事故。操作人员必须做好巡视检查，注意观察和倾听，出现异常时要及时处理。

（3）做好膜的反冲洗切换工作。当膜达到一定处理量后，通量会显著降低（膜通道被污染物堵塞），压差增大。此时就要进行阀门和泵的切换，进行膜的反冲洗，将附着在膜通道上的污染物清洗掉，恢复膜的原有特性。在此操作中除安全用电操作外，还要防止"跑料"现象的发生。

（八）分析、归纳与总结

（1）本工艺可以显著提升污水处理厂的经济效益，使污水的利用有更好的渠道。

（2）处理此类问题的思路可以进一步地进行迁移，如对一些特殊的高浓度有机污水，利用闪蒸工艺，即可以快速降低水中的COD值和BOD值，解决常规工艺的超载问题，同时通过进一步精馏分离，还有可能从中提出有用的化工原料，最差也能将其转化成燃料提供热或电等能源。

（3）由于该工艺为带压操作，巡视时泄压阀是否正常工作是巡视的重点。

（4）定期反冲洗，是本工艺的特点和关键操作，要充分确认反冲洗效果，才能保证生产的连续性和规范性。

同时冬天由于超纯水的使用量（需求）下降，对膜的保护（保湿操作）和抑菌操作也非常重要。

（5）该类车间的环境气体监测和换气是非常重要的工作之一，操作人员要定期进行环境气体采集、检测和结果确认。因使用氯气、臭氧等消毒杀菌作用，但此类试剂为有毒物质，对操作者有人身危害，从而必须进行准确测定和严格监控。

技能学习的总结

序号	评价项目	配分	评价方面		程度	分值范围	评价	
			评价面	评价点			自评	教评
1	安全方面	10分	安全防护和危险源识别	劳动保护用品的佩戴总结	齐全	5~3		
					有缺项	2~0		
				操作前危险源识别注意事项的总结	齐全	5~3		
					有缺项	2~0		
2	工艺操作方面	10分	工艺原理方面	基本原理分类的总结	从原理	2~1		
					从操作	2~1		
				工艺流程总结	岗位	2~1		
					控制点	2~1		
				构筑物功能总结	外形	1		
					结构	1		
		20分	工艺参数	基本工艺参数的总结	工艺参数	3~1		
					设备参数	3~1		
					分析参数	2~1		
				依据具体条件工艺参数的调整总结	正常范围	4~1		
					可能异常	2~1		
				过程仪表参数范围及异常情况的总结	正常现象	2~1		
					异常规律	4~1		
		10分	工艺巡视	规范巡视的工作总结	巡检重点	3~1		
					特殊部位	2~1		
				异常巡视中需要观察的项目总结	可能异常点	3~1		
					特殊异常	2~1		

序号	评价项目	配分	评价方面		程度	分值范围	评价	
			评价面	评价点			自评	教评
3	机械设备方面	6分	机械设备运行	首选设备指标总结（依据）	选择依据全	3~2		
					有缺项	1~0		
				备选设备指标总结（依据）	备选要求全	2~1		
					有缺项	0		
				设备参数范围的总结	最大载荷要求	1		
					有不明确项	0		
		5分	机械设备维护保养	设备常规检查总结	运行和静态检查	2~1		
					有缺项	0		
				使用设备常规维护保养工作总结	运行中保养	2~1		
					有缺项	0		
				备用设备的维护保养工作要点总结	周期保养要点	1		
					有缺项	0		
		4分	设备故障判断处理	设备故障判断方法总结	寻找故障点方法	2~1		
					有缺项	0		
				设备故障处理方法总结	快速处理方法	2~1		
					有缺项	0		
4	电气控制方面	10分	安全用电操作	规范进行配电室、电气设备的巡视	电气设备巡视方法	4~2		
					有缺项	1~0		
				规范沟通电气出现异常现象	准确沟通故障现象	4~2		
					事故沟通不完整	1~0		
				配合相关人员处理电气设备故障	及时处理操作现场	2~1		
					操作现场有异物	0		
5	分析检测方面	5分	安全用电操作	总结按规程采集样品工作（代表性）	操作要点与事项	3~2		
					显著缺项	1~0		
				总结快速完成检测任务准确性方法	操作要点与事项	2~1		
					显著缺项	0		
		5分	完成采样检测操作	依据检测结果与仪表显示控制操作	校正配液确认	3~2		
					显著缺项	1~0		
				处理异常（应变）能力总结	数据异常判定	2~1		
					显著缺项	0		

続表

| 序号 | 评价项目 | 配分 | 评价方面 | | | 分值范围 | 评价 | |
			评价面	评价点	程度		自评	教评
6	应急处理方面	15分	应急处理	安全应急处理总结	全面有条理	10~5		
					有显著缺项	4~0		
				水质、水量应急处理总结	范围项目齐全	10~5		
					有显著缺项	4~0		
自我提升总结（综合性）								

参考答案

1 膜组器的主要工艺控制指标都有什么，参考数值是多少？

答：膜组器的主要工艺控制指标有跨膜压差、产水量、透水率、膜通量，主要指标的参考数值为：跨膜压差：大于 60 kPa；膜通量：30~40 L/h，透水率是根据膜通量和跨膜压差计算的数值。

2 针对图4.1膜组器处理水量有一个突然升高是什么原因？

答：经过膜的恢复性清洗后，膜过滤性能恢复，处理水量升高。

3 膜组器处理水量逐渐衰减可能是几方面原因造成的？针对这几个原因如何进行改善？

答：膜组器处理水量与水温、操作压力、进水浊度、流速及膜的透水性能有关。逐渐衰减的主要原因有：

（1）随着膜过滤时间的延长，由于进水浊度较高，膜吸附污染物导致膜孔堵塞，过滤性能逐渐下降。

改善膜污染的主要方法是，采用物理清洗和化学清洗的方式缓解膜污染，使膜恢复透水性能。物理清洗主要靠气水清洗，化学清洗主要是使用化学药剂进行浸泡、循环等方式清洗。在运行过程中，随时关注透水率变化，当透水率降低到一定范围，要及时清洗，避免不可逆污染，膜污染严重时，需要采取恢复性清洗，加大药剂浓度延长清洗时间，提升清洗效果。

（2）因产水管泄漏或产水泵堵塞导致产水量下降。

通过查看抽吸压力、水泵频率查找故障原因，并根据原因解决水管水泵等问题。

4 膜处理控制中都有哪些核心设备？如何保障？

答：核心设备包括膜组器、自清洗过滤器、清洗水泵、药泵、空压机。

（1）定期采取适当的物理和化学方法清洗膜组器，缓解膜污染，提升透水性能。在透水率下降到一定值前，及时清洗膜组器避免不可逆污染。在膜清洗方面，通过采取物理清洗、维护性清洗、恢复性清洗的方式并合理安排清洗周期、药剂浓度和清洗方法。在清洗方式上，优化清洗方式，包括采用浸泡、错流等方式增加药剂与膜丝的接触面积和时间，强化清洗效果，通过合适的药剂浓度和组合方式提升清洗效果。定期检测清洗药剂的有效浓度，保证清洗效果。

（2）定期清洗自清洗过滤器，保证自清洗过滤器的过滤功能。

（3）检查清洗水泵、药泵及管路，避免泵堵塞、管道泄漏等问题。

（4）检查产水泵的压力、频率，保证正常的过滤压力，为产水提供动力。

（5）关注膜处理前端的仪表数据，尤其是浊度值，浊度值太高会快速造成膜污染，若进水浊度较高，因采取解决方法，避免进水直接进入膜组器。

案例 ⑤

某污水处理厂氨氮异常及恢复案例

一、背景描述

某城市污水处理厂总规模为10万吨，分两期建设，一期、二期均为5万吨/日，分别于2009年、2015年建成，出水水质符合GB 18918—2002城镇污水处理厂污染物排放标准一级A标准。一期、二期汇水区域不同，但进水基本都为生活污水，不排除有工业企业偷排的可能。该厂因特殊原因没有实验室，所有水质检测业务均委托某检测公司进行。该厂运行人员24小时值班，非运行人员执行双休。

1月31日（周日），15时该厂中控室运行人员发现出水氨氮由1.28 mg/L突然升至4.04 mg/L，随即向生产科长报告此情况，接到报告后生产科长安排人员对一期、二期运行情况进行检查，发现风机运行正常，但是二期进水较差，西线厌氧池明显呈黑色，二期出水氨氮在线监测仪9时已是2.54 mg/L，11时已升至3.58 mg/L，（值班人员未及时上报）；一期进水在线设备因进水中夹杂污泥，数据异常；与检测公司联系，确认31日早晨8时进出水水质为进水39.2 mg/L，出水3.28 mg/L（因周末，检测公司未及时反馈检测结果）。

根据二期出水氨氮在线监测仪数据，初步判断一期出水氨氮正常、二期出水氨氮较高。15时30分停二期2#提升泵减少进水水量，由2200吨/小时降至1400吨/小时，取一期、二期的进出水送至检测公司进行检测，取二期进水到一期进水口在线监测站房检测氨氮为96.7 mg/L，确定总出水氨氮是因二期受到高浓度污水冲击所致，16时30分停二期1#提升泵停止二期进水，开始闷曝。重新取二期进水留样，并全程录像。

17时收到检测公司反馈16时氨氮浓度为一期出水0.17 mg/L、二期出水8.01 mg/L，总出水4.11 mg/L，与在线监测数据基本一致，16时20分开启二期1#提升泵，少量进水500吨/小时。18时总出水在线氨氮数据为1.07 mg/L、20时为1.52 mg/L、22时为1.78 mg/L。

2月1日0时总出水口氨氮为1.97 mg/L，随后逐步降低，8时加测进出水及各二沉池氨氮浓度，10时得到检测公司反馈氨氮浓度为一期东二沉池1.08 mg/L、一期西二沉池0.20 mg/L、二期东二沉池0.35 mg/L、二期西二沉池4.80 mg/L，10时增加二期进水水量至1000吨/小时，并根据检测公司对东西二线重新配水，18时总出水口氨氮为0.985 mg/L，开始降至1 mg/L以下。

2月2日0时总出水口氨氮为0.404 mg/L，8时增加二期进水至1800吨/小时，并加测各二沉池氨氮浓度，10时40分得到检测公司反馈一期东二沉池0.29 mg/L、一期西二沉池0.33 mg/L、二期东二沉池0.32 mg/L、二期西二沉池0.22 mg/L，12时，二期进水恢复至正常水平。

相关运行参数如图5.1所示。

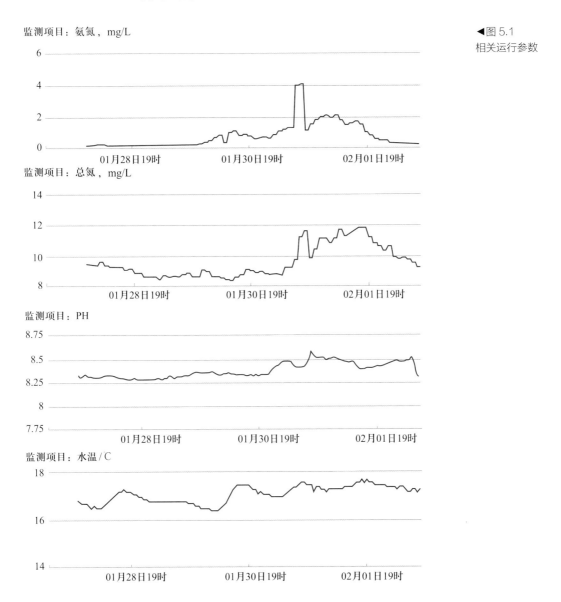

◀图5.1
相关运行参数

二、通过本案例，请分析和回答问题

（1）在线氨氮、总氮测定若发现异常时，应如何确认？

（2）请判断该厂氨氮异常原因。

（3）请分析氨氮异常应急处置措施。

三、通过学习本案例及回答问题，可提高如下方面

（一）操作技能

（1）能识别本案例涉及的机械设备危险源，防止操作中出现安全事故。

（2）能识别本案例涉及的危险化学品，防止操作中出现安全事故。

（3）能利用AAO工艺相关设备进行水质中氨氮去除操作。

（4）能利用在线检测设备进行监控，确认调整参数符合实际。

（5）能利用巡检发现工艺参数调整中出现的异常问题。

（6）能利用在线数据和离线数据的比对，确认问题的根源。

（7）能利用调整工艺参数和操作，解决存在的问题。

（8）能及时判断出现工艺异常与沟通交流和检测数据间的因果关系。

（二）知识方面

（1）在线监测氨氮、总氮实验方法有哪些，是如何分类的？

（2）其他水质监测指标用何在线设备进行检查？

（3）为什么有在线监测设备的同时，还需要用离线监测？

（4）处理异常现象时的工作原则。

（5）从此案例中能总结出哪些管理程序方面的问题？

四、解决此类问题的途径与方法（提示）

（1）首先要去企业了解此类工艺原理及相关设备。

（2）利用已有知识和信息页提供的资料进行复习与思考，整理好解题思路。

（3）从信息页和设备原理图中，整理出应用资料。

（4）独立完成问题的解答，并总结出适于自己解决问题的方法。

（5）结合企业具体问题，利用自己总结出解决问题的方法，完成同类的实际问题（由指导老师或企业专家提出思考题），自己提出解决方案，整理后进行交流沟通。

一、名词解释

1. 化学名词

1）原子、元素

（1）原子是化学变化中的最小微粒。

（2）元素是具有相同核电荷数的同一类原子的总称。

2）单质、化合物、纯净物和混合物

（1）单质：由一种元素的原子（或分子）组成的纯净物。

（2）化合物：由两种或两种以上不同种元素组成的纯净物。

（3）纯净物：由单一物质组成。

（4）混合物：由两种或两种以上纯净物组成，但它们之间不发生化学反应。

3）化学键

（1）共价键是原子间通过共用电子对形成的结合力。其中共价键又分为非极性共价键和极性共价键两大类。

（2）离子键是两个或多个原子或化学基团失去或获得电子，通过静电引力形成的结合力。

（3）配位键是由中心原子（或离子）提供空轨道，由多个配体分子（或离子）提供孤对电子而结合形成的结合力。必须强调的是在科技系统内，配位键由于阐述了化学键的本质，因此该概念被广泛使用，但在工业系统内，依然使用"络合物"这一概念。

2. 厌氧菌

是一类在空气和二氧化碳浓度低于10%的情况下生长的细菌的总称。

3. 好氧菌

又称吸氧菌。在有氧环境中生长繁殖，氧化有机物或无机物的产能代谢过程，以分子氧为最终电子受体，进行有氧呼吸。

4. 原生生物

含最简单的真核生物，全部生活在水中，没有角质，但都有细胞核和有膜的细胞器。

二、围绕案例所涉及的知识与理论

（一）安全常识

在企业产生过程中安全是第一要务，如人身安全、用电安全、消防安全等，本部分我们重点介绍消防安全。

1. 灭火器的分类

灭火器的种类很多，按其移动方式可分为手提式和推车式两种。按驱动灭火剂的动力来源可分为储气瓶式、储压式、化学反应式三种。按所充装的灭火剂则又可分为泡沫、干粉、卤代烷、二氧化碳、清水等。

2. 各类灭火器的适用范围

泡沫灭火器适于扑救脂类、石油类产

品，但不能扑救水性火灾；

二氧化碳灭火器适于扑救图书，档案，贵重设备，精密仪器、600 V以下电气设备及油类所引起的初起火灾，不能扑救水溶性可燃、易燃液体的火灾，如醇、酯等物质火灾，也不能扑救带电设备火灾；使用二氧化碳灭火器不要握住喷射的铁杆，以免冻伤手。

干粉灭火器可用于扑救石油、有机溶剂等易燃液体、可燃气体和电气设备的初期火灾。

水喷雾喷水灭火系统是将高压水通过特殊构造的水雾喷头喷出雾状水，雾状水滴的平均粒径一般在100~700 μm。水喷雾系统主要用于扑救贮存易燃液体场所贮罐的火灾，也可用于有火灾危险的工业装置，有粉尘火灾（爆炸）危险的车间，以及电气、橡胶等特殊可燃物的火灾危险场所。

（二）微生物基础知识

菌胶团是活性污泥和生物膜的重要组成部分，有较强的吸附和氧化有机物的能力，在废水生物处理中具有重要的作用。活性污泥活性可从含菌胶团多少、大小及结构的紧密程度确定。不同细菌形成不同性状的菌胶团，如分枝状、垂丝状、球状、椭圆状、蘑菇状、片状及各种不规则形状。一定菌种的细菌在适宜环境条件下形成一定形态结构的菌胶团，而当遇到不适宜的环境时，菌胶团就发生松散，甚至呈现单个游离细菌。因此

为使废水处理到达良好效果，活性污泥中就要有大量、紧密结构的菌胶团絮体，且具有良好的吸附、沉降性能，这就要求在活性污泥的培养和运行中必须满足不同菌胶团对营养和环境要求。

1. 下面几种微生物相对活性污泥的指示情况

（1）活性污泥良好时出现的微生物主要有：钟虫类、盾纤虫、盖纤虫、累枝虫、聚缩虫等吸附性原生动物。如果此类微生物占总数80%及以上个体在1000个/mL以上时，则判断活性污泥具有高净化效率。

（2）活性污泥处于恶劣状况时出现的微生物主要有：波豆虫、豆形虫、草履虫等，可以判断为絮凝体稀碎，严重恶化时原生动物和后生动物消失。

（3）在活性污泥分散解体时出现的微生物：辐射变形虫、多核变形虫等肉足类虫，可判断为絮体变小出水混浊，SS升高，当这类微生物急增时，必须调整工艺状态，减小回流污泥量和通气量，可抑制污泥解体。

（4）在活性污泥出现恢复时出现的微生物主要有：漫游虫、斜管虫、尖毛虫等。

（5）在活性污泥膨胀时出现的微生物主要有：浮游球衣藻和毒菌。丝

状菌造成污泥膨胀到诱导生物，当丝状菌大量增殖时，吸附型的原生动物就会急剧减少，污泥性能恶化形成漂泥现象，一旦出现丝状菌增殖趋势，4~7天后SVI则会急剧上升甚至超过200。

（6）进水负荷低时出现的微生物主要有：游仆虫、狭甲虫等，可判断为有机物较少，应增大曝气量；溶解氧不足时会出现微生物主要有：扭头虫、丝状菌等，此时污泥较黑，并放出腐臭味，应增大曝气量；曝气过量时出现微生物主要有：肉足类及轮虫类，如阿米巴虫，高负荷和毒物流入时出现微生物主要有：盾纤虫和钟虫，它们数量锐减是负荷过高和毒物流入的征兆，大多数微生物灭绝时活性污泥已被破坏，必须进行恢复。

（7）当钟虫不活跃或呆滞，往往是曝气池供气不足；当发现没有钟虫，却有大量游动纤毛虫类如较多草履虫、豆形虫、波豆虫等存在，且以游离细菌为主时，表明水中含量较多的有机物存在，处理效果较差。如果原水水质良好，突然出现固定纤毛虫数量减少，游泳纤毛虫增加现象时，则预示水质会变差；当逐渐出现游动纤毛

虫时，则预示水质将会向好的方向发展，直至变为固定纤毛虫为主后，则水质会变得良好。

2. 提高出水水质方面的作用

（1）通过某些原生动物的分泌物，在沉降过程中促进游离细菌的絮凝作用，可提高细菌的沉降效率和去除率。

（2）原生动物辅食细菌，会提高细菌的活动能力，提高对可溶性有机物摄取能力。

（3）原生动物和细菌一起，可共同摄食微生物。

（三）工艺原理知识

1. 沉砂池的工艺作用

城镇污水中往往含有一些泥沙、煤渣等无机物质，无机颗粒如不能及时分离、去除，会严重影响城镇污水处理厂的后续处理设施运行。这些无机颗粒会沉积板结在反应池底部，减小反应池有效容积，引起曝气池中曝气器的堵塞和污泥输送管道的堵塞，甚至损坏污泥脱水设备。沉砂池的设置目的就是去除污水中泥沙、煤渣等相对密度较大的无机颗粒，以免影响后续处理构筑物的正常运行。

沉砂池的工作原理是以重力分离或离心力分离为基础，即控制进入沉砂池的污水流速或旋流速度，使相对密度大的无机颗粒下沉，而有机悬浮颗粒则随水流被带走。

常用的沉砂池形式有平流式沉砂池、曝气沉砂池、旋流沉砂池等。平流式沉砂池是早期污水处理系统常用的一种形式，可以降低流速使无机性颗粒沉降下来，它具有截留无机颗粒效果较好、构造较简单等优点，但也存在流速不易控制、沉砂中有机性颗粒含量较高、排砂常需要洗砂处理等缺点。旋流沉砂池沿圆形池壁内切方向进水，利用水力或机械力控制水流流态与流速，在径向方向产生离心作用，加速砂粒的沉淀分离，并使有机物随水流被带走的沉砂装置。旋流沉砂池有多种类型，沉砂效果也各有不同。

曝气沉砂池从20世纪50年代开始使用，它具有下述特点：

（1）沉砂中含有机物的量低于5%。

（2）由于池中设有曝气设备，它还具有预曝气、脱臭、除泡作用以及加速污水中油类和浮渣的分离等作用。

这些特点对后续的沉淀池、曝气池、污泥消化池的正常运行以及对沉砂的最终处置

提供了有利条件。但是，曝气作用要消耗能量，对生物脱氮除磷系统的厌氧段或缺氧段的运行也存在不利影响。曝气沉砂池的剖面如图5.2所示。

污水在池中存在着两种运动形式，其一为水平流动（流速一般取0.1 m/s，不应大于0.3 m/s），同时，由于在池的一侧有曝气作用，因而在池的横断面上产生旋转运动，整个池内水流产生螺旋状前进的流动形式。旋流线速度在过水断面的中心处最小，而在池的周边则为最大。空气的供给量应保证池中污水的旋流速度达到0.25~0.3 m/s之间。由于旋流主要由鼓入的空气所形成，不是依赖水流的作用，因而曝气沉砂池比其他形式的沉砂池对流量的适应程度要高很多，沉砂效果稳定可靠。

由于曝气以及水流的旋流作用，污水中悬浮颗粒相互碰撞、摩擦，并受到气泡上升时的冲刷作用，使黏附在砂粒上的有机污染物得以摩擦去除，螺旋水流还将相对密度较

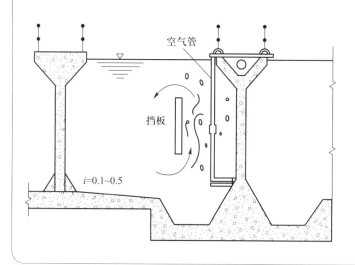

◀图 5.2
曝气沉砂池剖面图

$$NO_3^- \xrightarrow{\text{硝酸盐还原酶}} NO_2^- \xrightarrow{\text{亚硝酸盐还原酶}} NO \xrightarrow{\text{氧化氮还原酶}} N_2O \xrightarrow{\text{氧化亚氮还原酶}} N_2$$

◀图 5.3
硝酸盐还原为
氮气过程

轻的有机颗粒悬浮起来随出水带走，沉于池底的砂粒较为纯净。有机物含量只有5%左右，便于沉砂的处置。

2. 水处理脱氮工艺

1）生物脱氮的工艺原理

污水的生物脱氮过程一般是指在微生物的作用下，污水中的有机氮及氨氮经过氨化作用、硝化反应、反硝化反应，最后转化为氮气的过程。其中的氨化作用可在好氧或厌氧条件下进行，硝化反应在好氧条件下进行，反硝化反应在缺氧条件下进行。生物脱氮相比于其他脱氮方法，具有经济、有效、易操作、无二次污染等特点。

（1）氨化反应。微生物分解有机氮化合物产生氨的过程称为氨化反应，很多细菌、真菌和放线菌都能分解蛋白质及其含氮衍生物，其中分解能力强、并释放出氨的微生物称为氨化微生物。在氨化微生物的作用下，有机氮化合物可以在好氧或厌氧条件下分解、转化为氨态氮。

（2）硝化反应。在亚硝化细菌和硝化细菌的作用下，将氨态氮转化为亚硝酸盐（NO_2^-）和硝酸盐（NO_3^-）的过程称为硝化反应。硝化反应的总反应式见下式。

$$NH_4^+ + 2O_2 \longrightarrow NO_3^- + 2H^+ + H_2O + \Delta E$$

（3）反硝化反应。在缺氧条件下，NO_2^-和NO_3^-在反硝化细菌的作用下被还原为氮气的过程称为反硝化反应。目前公认的从硝酸盐还原为氮气的过程见图5.3。

（4）同化作用。生物处理过程中，污水中的一部分氮（氨氮或有机氮）被同化成微生物细胞的组成成分，并以剩余活性污泥的形式得以从污水中去除的过程，称为同化作用。当进水氨氮浓度较低时，同化作用可能成为脱氮的主要途径。

2）生物脱氮工艺

生物脱氮过程中，污水中的有机氮及氨氮经过氨化作用、硝化反应、反硝化反应，最后转化为氮气，对应的在活性污泥处理系统中应设置相应的好氧硝化段和缺氧反硝化段。下面介绍几种常见的生物脱氮工艺。

（1）三段生物脱氮工艺。该工艺是将有机物氧化、硝化及反硝化段独立开来，每一部分都有其自己的沉淀池和各自独立的污泥回流系统。使除碳、硝化和反硝化在各自的反应器中进行，并分别控制在适宜的条件下运行，处理效率高。其流程如图5.4所示。

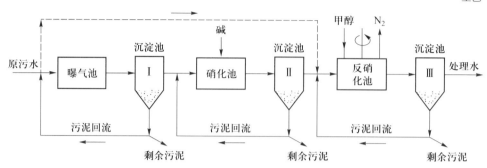

▼图 5.4
三段生物脱氮工艺

（2）前置缺氧－好氧生物脱氮工艺。如图 5.5 所示，该工艺将反硝化段设置在系统的前面，因此又称为前置式反硝化生物脱氮系统，是目前较为广泛采用的一种脱氮工艺。反硝化反应以污水中的有机物为碳源，曝气池混合液中含有大量硝酸盐，通过内循环回流到缺氧池中，在缺氧池内进行反硝化脱氮。

前置缺氧反硝化具有以下特点：反硝化产生碱度补充硝化反应之需，约可补偿硝化反应中所消耗的碱度的 50% 左右；利用原污水中有机物，一般无需外加碳源；利用硝酸盐作为电子受体处理进水中有机污染物，

这不仅可以节省后续曝气量，而且反硝化细菌对碳源的利用更广泛，甚至包括难降解有机物；前置缺氧池可以有效控制系统的污泥膨胀。该工艺流程简单，因而基建费用及运行费用较低，对现有设施的改造比较容易，脱氮效率一般在 70% 左右，但由于出水中仍有一定浓度的硝酸盐，在二沉池中，有可能进行反硝化反应，造成污泥上浮，影响出水水质。

（3）后置缺氧－好氧生物脱氮工艺。后置缺氧－好氧生物脱氮工艺如图 5.6 所示，可以补充外来碳源，也可以在没有外来碳源的情况下利用活性污泥的内源呼吸提供电子

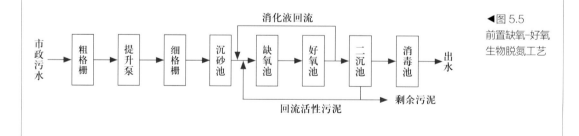

◀图 5.5
前置缺氧-好氧生物脱氮工艺

供体还原硝酸盐，反硝化速率一般认为仅是前置缺氧反硝化速率的1/8~1/3，这时需要较长的停留时间才能达到一定的反硝化效率。必要时应在后缺氧区补充碳源，碳源除了来自甲醇、乙酸等普通化学品外，污水处理厂的原污水及含有机碳的工业废水等也可以考虑，只是要注意投加适当的量，以免增加出水的有机物浓度。甲醇是最理想的补充碳源，它不仅反硝化速率快，而且反应后没有任何副产物。

在诸多的生物脱氮工艺中，目前前置缺氧反硝化使用较为普遍，随着生物脱氮技术的发展，新的工艺不断被研究开发出来，同时，人们将生物脱氮与除磷工艺相结合形成了许多新的生物脱氮除磷处理工艺。

（4）AAO生物脱氮除磷工艺。AAO工艺，是英文anaerobic-anoxic-oxic第一个字母的简称，在一个处理系统中同时具有厌氧区、缺氧区、好氧区，能够同时做到脱氮、除磷和有机物的降解，其工艺流程见图5.7。

污水进入厌氧反应区，同时进入的还有从二沉池回流的活性污泥，聚磷菌在厌氧环境条件下释磷，同时转化易降解COD、VFA为PHB，部分含氮有机物进行氨化。

污水经过厌氧反应器以后进入缺氧反应器，本反应器的首要功能是进行脱氮。硝态氮通过混合液内循环由好氧反应器转输过来，通常内回流量为2~4倍原污水流量，部分有机物在反硝化细菌的作用下利用硝酸盐作为电子受体而得到降解去除。

混合液从缺氧反应区进入好氧反应区，如果反硝化反应进行基本完全，混合液中的COD浓度已基本接近排放标准，在好氧反

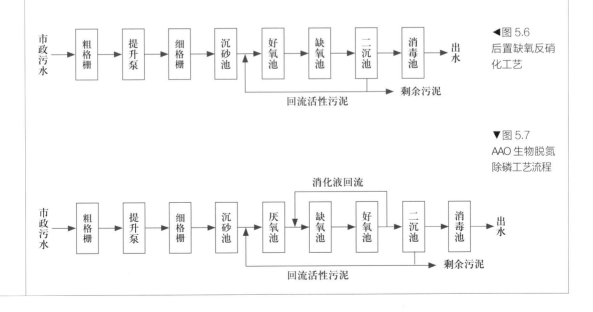

◀图5.6
后置缺氧反硝化工艺

▼图5.7
AAO生物脱氮除磷工艺流程

应区除进一步降解有机物外，主要进行氨氮的硝化和磷的吸收，混合液中硝态氮回流至缺氧反应区，污泥中过量吸收的磷通过剩余污泥排除。

该工艺流程简洁，污泥在厌氧、缺氧、好氧环境中交替运行，丝状菌不能大量繁殖，污泥沉降性能好。碳源充足，设计得当该处理系统出水中磷浓度基本可达到 1 mg/L 以下，氨氮也可达到 5 mg/L 以下，总氮去除率大于50%。

该工艺需要注意的问题是，进入沉淀池的混合液通常需要保持一定的溶解氧浓度，以防止沉淀池中反硝化和污泥厌氧释磷，但这会导致回流污泥和回流混合液中存在一定的溶解氧，回流污泥中存在的硝酸盐对厌氧释磷过程也存在一定影响，同时，系统所排放的剩余污泥中，仅有一部分污泥是经历了完整的厌氧和好氧的过程，影响了污泥充分吸收磷。系统污泥龄因为兼顾硝化细菌的生长而不可能太短，导致除磷效果难以进一步提高。

3）生物脱氮过程的影响因素

（1）硝化过程影响因素。

① 溶解氧浓度。硝化细菌为了获得足够的能量用于生长，必须氧化大量的 NH_4^+ 和 NO_2^-，氧是硝化反应过程的电子受体，反应器内溶解氧含量的高低，必将影响硝化反应的进程，在硝化反应的曝气池内，溶解氧含量不得低于 1 mg/L，多数学者建议溶解氧应保持在 1.2~2.0 mg/L。

② 碱度。硝化反应过程释放 H^+，使 pH 下降，为保持适宜的 pH，应当在污水中保持足够的碱度，以调节 pH 的变化，1 g 氨态氮（以 N 计）完全硝化，需碱度（以 $CaCO_3$ 计）7.14 g。

③ pH。硝化细菌对 pH 的变化十分敏感，最佳 pH 为 8.0 左右，在最佳 pH 条件下，硝化细菌的最大比生长速率可以达到最大值。

④ 反应温度。硝化反应的适宜温度是 20~30 ℃，15 ℃ 以下时，硝化反应速度下降，5 ℃ 时完全停止。

⑤ 混合液中有机物含量。硝化细菌是自养菌，有机基质浓度并不是它的增殖限制因素，但它们需要与普通异养菌竞争电子受体，若 BOD 浓度过高，将使增殖速度较快的异养型细菌迅速增殖，从而使硝化细菌在利用溶解氧作为电子受体方面处于劣势而不能成为优势种属。

⑥ 污泥龄。为了使硝化菌群能够在反应器内存活并繁殖，微生物在反应器内的固体平均停留

时间（污泥龄）SRT，必须大于其最小的世代时间，否则将使硝化细菌从系统中流失殆尽，一般认为硝化细菌最小世代时间在适宜的温度条件下为3d。SRT值与温度密切相关，温度低，SRT取值应相应明显提高。

⑦ 重金属及有害物质。除有毒有害物质及重金属外，对硝化反应产生抑制作用的物质还有：高浓度的NH_4^+-N、高浓度的NO_x-N，高浓度的有机基质以及络合阳离子等。

（2）反硝化过程影响因素。

① 碳源。反硝化细菌为兼性异养菌，必须提供有机物作为电子供体，能为反硝化细菌所利用的碳源较多，从污水生物脱氮考虑，可有下列三类：一是原污水中所含碳源，对于城市污水，当原污水BOD_5/TKN>3~5时，即可认为碳源充足；二是外加碳源，如市售的甲醇、醋酸钠等，工程中多采用甲醇（CH_3OH），因为甲醇作为电子供体反硝化速率高，被分解后的产物为CO_2和H_2O，不留任何难降解的中间产物；三是利用微生物组织进行内源反硝化。在反硝化反应中，目前面临最大的问题是碳源的浓度，就是污水中可用于反硝化的有机碳源的多少及其可生化程度。

② 反硝化反应最适宜的pH为6.5~7.5，pH高于8或低于6，反硝化速率将大为下降。

③ 溶解氧浓度。反硝化细菌在无分子氧同时存在硝酸根或亚硝酸根离子的条件下，能够利用这些离子作为电子受体进行呼吸，使硝酸盐还原，如果溶解氧浓度过高，则反硝化细菌将把电子供体提供的电子转交溶解氧以获得更多能量，这时硝酸盐无法得到电子而被还原完成脱氮过程。另一方面，反硝化细菌体内的某些酶系统组分，只有在有氧条件下，才能够合成。这样，反硝化反应宜于在缺氧，好氧条件交替的条件下进行，反硝化时溶解氧浓度应控制在0.5 mg/L以下。

④ 温度。反硝化反应的最适宜温度是20~40 ℃，低于15 ℃反硝化反应速率降低。为了保持一定的反硝化速率，在冬季低温季节，可采用如下措施：提高生物固体平均停留时间；降低负荷率；提高污水的水力停

留时间。

4）脱氮工艺中的曝气方式

污水处理中的曝气主要有鼓风曝气和机械曝气两种基本方法。近年来，又在此基础上演变出了许多新的曝气方法，如潜水搅拌曝气法、射流曝气法等。

（1）鼓风曝气将由空压机（纯氧机）送出的压缩空气（氧气）通过一系列的管道系统送到安装在曝气池池底的空气扩散装置（曝气装置），空气（氧气）由空气扩散装置（曝气装置）以微小气泡的形式逸出，并在混合液中扩散，使气泡中的氧转移到混合液中。目前，我国大中型污水厂主要采用鼓风曝气法。

（2）机械曝气主要指表面曝气，即利用安装在水面上、下的叶轮高速转动，剧烈地搅动水面，产生水跃，使液面与空气接触的表面不断更新，使空气中的氧转移到混合液中。根据曝气设备安装方式不同，主要分为垂直提升型及水平推流型。机械曝气因维护管理方便、能耗相对小，在我国小型污水处理厂应用较多。

（3）射流曝气法水流由潜水泵吸入，在泵的高压和文丘里管的作用下形成高速水流进入吸气室，由于使吸气室形成负压，空气在大气压的作用下通过吸气管进入吸气室与水在混气室混合，水流将空气剪切成无数微小气泡，由射流喷嘴喷入水中。射流曝气利用了水力剪切和气泡扩散双重作用，具有良好的充氧能力，结构简单，运转灵活，维修方便。

（4）潜水搅拌曝气法外部空气风机通过输气管道将空气从曝气机下部输入曝气机叶轮内，气体从上部扩散口排出。同时，潜水电机带动叶轮强烈搅拌使水从下部以强烈对流的形式进入曝气机内。高速喷出的小气泡在喷出瞬间被高速旋转的剪切叶片破碎，切割撕裂成无数极细小的气泡，与水充分混合。该法具有曝气性能良好，动力效果较高，能耗低，工艺适应性好等特点。

5）内回流控制

（1）内回流。内回流是存在于脱氮工艺（例如AO、AAO）中的一种回流，也叫硝化液回流，"内"是相当于系统来说的，硝化液回流并没有脱离系统，只是内部循环，相对的污泥回流是脱离系统的一股回流，所以一般称污泥回流为外回流，硝化液回流为内回流。

内回流的学名叫硝化液回流，内回流的作用是将曝气池中硝化反应产生的硝态氮回流到反硝化池，为反硝化提供化合态的氧，进行反硝化反应。

（2）内回流与脱氮之间的关系。在反硝化脱氮过程中，内回流与碳源都是重要的影响因素。

反硝化效率的公式 $\eta = (r+R)/(1+r+R)$，其中 R 是外回流比，r 是内回流比，因为外回流比控制得比较小（30%~50%），所以我们一般会省略为 $\eta = r/(1+r)$。根据公式来看，在碳源充足的情况下，反硝化的脱氮效率只和内回流有关系，内回流的大小决定了脱氮效率。

（3）内回流的范围。就目前的脱氮工艺而言，应用的都是前置反硝化及改良工艺，但是内回流再大，都会有部分硝态氮随着出水流走，并不能达到100%的硝化液回流，故会将内回流控制在一个合适的范围。

过低的内回流比会导致脱氮效率下降，出水TN超标，但是过高的内回流，一方面回流液会携带更多的DO进入反硝化池，消耗碳源和破坏缺氧环境，并且导致电费增长。在内回流比大于600%时，内回流的提高，脱氮效率没有明显的提高。

所以，在保证脱氮效率的情况下，结合DO的影响及能耗的关系，一般把内回流控制在200%~400%。

（4）内回流操作应该注意的事项。

① 防止携带过多的DO。据业内专家描述，曾发生过污水处理厂因内回流携带过多DO导致脱氮系统崩溃的情况。对于内回流来说，其携带的DO越多，对反硝化的影响越大，一般反硝化池ORP控制在-100~-150 mV，过多的DO直接破坏了反硝化的环境，使异养菌处于优势状态，进而导致硝化崩溃。

减少携带DO的措施，可根据实践经验适当关小内回流处曝气，或者内回流处不要曝气，加一个搅拌机来保证混合液的搅动；另外还可以在曝气池后增加脱气池，通过脱气池后再回流到反硝化池。

② 防止内回流泵的状态失控。一是内回流泵的选型一定要以设计量来选型，宜大不宜小，即选型时可适当选大一号，不宜选小。曾有水厂的工作人员发现该厂脱氮效果太差，经排查发现内回流泵的额度流量比只有100%。

二是内回流泵一定要设有备用泵，一旦回流泵出现故障无法工作，便可启用备用泵，保证硝化系统的正常运行。

6）外回流控制

外回流在系统中起到的作用是使污泥循环，使生化系统内每个处理单元维持一定量的污泥浓度，使系统内污泥处在一个厌氧、缺氧和好氧交替循环的过程中。在这个过程中，污泥中丝状菌不会大量繁殖，SVI可以维持在100以下，同时使得污泥中含磷量高，有利于磷的去除。此外，在生化系统负荷高的情况下，可以通过增大外回流污泥的量来提高生化系统的抗冲击负荷的能力，因为回流污泥当中含有大量新鲜的污泥，污泥活性较高，从而保证了生化系统的稳定运行。

在生化池好氧段，污泥短时间内吸附了大量的有机物。外回流可以将污泥回流至生化池缺氧池，为反硝化脱氮提供了一定量的碳源。但此时需要配合曝气量的调控，过量曝气会加快污泥降解有机物的速率，导致污泥得不到充足的营养而自身氧化，加快污泥的老化。因此需要适当地减少曝气量，最好能使硝化控制在短程硝化阶段，因为彻底的硝化和反硝化会额外消耗大量的有机物，会增加风机电能的消耗，还会产生大量的污泥，直接造成生产成本的增加。另外，回流大量的污泥可以为微生物的增长提供有效的载体。外回流此时将污泥回流至生化池，可使污泥的吸附、沉降性能得到充分发挥，直接提高了污泥的反应速率。

污泥外回流的作用很多，对生产工艺的稳定运行提供了保障。但外回流也有一些负面作用，大量的沉降性能好的污泥回流至厌氧池，会导致厌氧池内局部污泥量很大，使池内一些死角地方堆积大量的污泥，一方面导致池容减少，缩短了水力停留时间；另一方面增加了水下搅拌机的工作负荷，缩短设备的使用寿命。在正常生产过程中，既要看

到系统稳定运行的一面，也要关注可能出现的负面的影响。

3. 脱氮工艺参数及调整范围

1）AAO工艺各池溶解氧范围

AAO工艺中厌氧池、缺氧池和好氧池的溶解氧浓度是脱氮除磷效果的重要影响因素。其中，厌氧池溶解氧浓度通常控制在0.2 mg/L以下；缺氧池溶解氧浓度一般控制在0.2~0.5 mg/L之间为宜；好氧池按照工艺运行的要求，溶解氧一般控制在2~4 mg/L。

2）AAO工艺内、外回流比范围

前面已经介绍过，外回流比一般控制在20%~100%，内回流比一般控制在200%~400%。

3）泥量与虫体间关系

在活性污泥微生物主体中，保持并占有优势的常见的原生及后生动物的基础上，培养并繁殖硝化菌、原生钟虫类，使其在活性污泥微生物中占有一定或主要优势，镜检观察指示性微生物为鳞壳虫、纤毛类会减少；主要优势菌种原生为钟虫、盾纤虫；后生为鞍甲轮虫及猪吻轮虫适量出现；并有少量累枝虫、表壳虫存在，将会显著改变氨氮的去除率。

当泥量控制在3.8g/L左右，钟虫超过80个，且出水稳定情况下，氨氮的去除率可在30%~60%之间。一段时间内泥量与钟虫个数关系见表5.1。

对于城市污水厂氨氮的控制既要考虑到当时的季节条件又要分析运行参数。溶解氧充足、保持适度污泥量计低负荷运行为氨氮

表5.1 一段时间内泥量与钟虫个数关系表

时间	泥量/（g·L⁻¹）	钟虫数/个
1.5	5.35	36
1.6		64
1.7		82
1.8	4.025	84
1.9	3.875	133
1.10	3.725	
1.11		173
1.14		143
1.15	3.775	112
1.16	3.388	118
1.17	3.0	82
1.18		84
1.21		14
1.22	2.55	9
1.23	2.513	4

硝化与优势菌种－钟虫的繁殖与硝化菌的激活提供环境条件，促使氨氮可以在低温条件下仍能产生硝化反应。工艺调整方面，特别是剩余排量的调整需有一定的限度，如过大则泥量的增殖会很慢（受常年低负荷影响），对于冬季保持一定污泥浓度与原生钟虫类占优势会受影响，低温条件下氨氮的去除难以实现。另外，间接的提高生化溶解氧而形成过曝气影响沉淀效果。

（四）分析检测知识

1. 水质在线监测仪的维护及质控管理

随着国家环保政策日益完善和管理的加强，水质在线监测系统在实际监测中得到广泛应用。如何保证水质在线监测系统实现长周期运行，保证数据的有效性，一直以来是监测、监理人员共同关注的问题。水质在线监测系统的维护与质量控制工作优劣，直接决定监测数据准确性、精密性、代表性、完整性和可比性。水质在线监测系统具有连续运行、维护周期长等特点。影响在线监测数据的因素是多方面的，主要是在采水和配水、仪器运行、试剂与标准溶液等，实际工作中有针对性地从在线监测系统的维护与管理、室内外质量控制及校正等方面展开细致工作，就可以有效地提高在线监测的准确性，使其数据具有代表性，同时可实现系统长周期有效平稳运行。

1）水质在线监测系统的维护

（1）仪器的定期校验。根据仪器的校准周期，及被监测水体的水质状况来确定校准周期。如果水质状况较差，则仪器的校准周期就应该相应缩短。根据实际生产情况，在线监测仪器每月校准一次基本能够满足要求，一般不能超过仪器说明书规定的期限。仪器如果长时间停机后重新启动、更换电极、泵管等或更换不同批号的试剂等情况，则必须进行仪器的校准实验。

（2）仪器多点线性检验。在仪器线性范围内均匀选择4~6个浓度的标准溶液进行测试，并计算其斜率和相关系数。如果发现标准曲线的斜率和相关系数发生显著的变化，在确保试剂质量以及非人为因素的前提下，应对监测仪器的性能进行检查。对仪器标准曲线的多点线性检验，一般每半年进行一次即可，可保证仪器处于良好运行状态。

（3）在线监测系统的定期清洗。水质在线监测系统本身一般具备在线清洗的功能，但如果水质较差，水中含有大量悬浮物质，随着时间的推移，采水和配水管路、反应池、传感器、电极和蠕动泵管等处会出现沉积物，会导致传感器灵敏性产生变化，或影响样品、试液注入反应池中的体积，使监测分析仪器测定的结果产生偏差。

定期清洗维护可减少偏差，使误差有效地控制在范围之内。对管路以及传感器、蠕动泵管等进行清洗或更换后，对仪器进行重新标定，使系统始终处于良好的状态，保证监测数据的可靠性，同时可延长仪器的使用寿命。

2）室内、外质量控制管理

（1）试液的质量控制。试液的质量受多种因素的影响，比如试液的浓度、稳定性、储存期、容器的密闭性、环境状况等。因此，在线监测仪器所需的试液需要定期检查，如发现有沉淀、变色等现象，应及时更换、重配。不同试液的稳定性差别较大，对于稳定性较差或浓度较低的试液应分次少量配制，特殊的试液还应采取特殊的储存方法，如氧化或还原性试液可采用棕色瓶储存以避免阳光直射。在环境温度较高的季节，试剂的分解速度会加快，相应地缩短试液的更换周期。

（2）标液或质控样控制。标液或质控样在水环境监测中主要用于精密度的管理，可选择仪器线性范围内上、下限浓度的10%及90%以及中间附近浓度值的质控样来进行检查。如果检查结果相对误差超过20%，则说明在线监测仪器基线发生漂移，则必须对仪器重新进行校准。一般每周应进行一次质控样检查。

（3）室内外比较实验控制。比较实验应采用国家规定的标准监测分析方法进行实验室分析，并与在线仪器的测定结果相对比，来判断在线仪器测定的准确度。比较实验应与在线仪器采用相同的水样，采样位置与在线仪器的取样位置尽量保持一致。若在线仪器需要过滤水样，则比较实验水样要用相同过滤材料过滤。

（4）空白实验检验控制。通过对空白实验值的控制，可以相对消除纯溶剂中杂质、试剂中的杂质、分析过程中环境带来的沾污等。对空白实验值既要控制其大小，也要控制其分散程度。通常一批试剂进行一次空白实验即可。

3）综合分析与控制管理

（1）监测数据的审核判定。监测数据的审核是整个质量保证体系中最后一关，也是最有效的质量控制手段。在进行数据审核时，应按照实验室常规数据处理的要求进行检验和处理。对发现的异常数据，应从操作人员人为因素、试液的质量以及整个系统各个单元状况等环节逐个进行检查，查明原因，加以分析解决。

（2）监测数据可比性分析控制。通常水质状况相对稳定，监测参数测定值的波动范围不大，通过与历史同期监测数据或与近期监测数据的对比，如果监测数据变化比较明显，就应对其进行论证，必要时需人工采样进行分析，判断数据的真伪，决定是否加以剔除。如果数据的变化是由污染事故引起所致，其后的监测结果应有明确的变化规律，这时应增加在线仪器采样监测的频次。

（3）监测参数间的关系分析控制。由于物质本身的性质及其相互关系，几个参数的监测数据往往存在某种关系，为审核单个已实行质量控制措施的监测数据正确与否提供了依据。如化学需氧量的监测结果应大于高锰酸盐指数的监测值。当溶解氧降低时，电导率、化学需氧量和高锰酸盐指数会随之升高。溶解氧高的水体硝酸盐氮浓度高于氨氮浓度，反之氨氮浓度高于硝酸盐氮浓度等。通过对各监测参数之间规律性的了解，可以帮助对异常值进行判断。

采取上述手段加强水质在线监测仪器（系统）控制的同时，还应加强监测人员业务、工作自觉性和主动性的培训，提高监测人员的责任心和综合素质，熟悉在线监测系统各单元构成，掌握在线监测仪器的原理和操作、维护技术，严格操作规程，确保水质在线监测系统的正常、稳定运行。

2. 生活污水处理厂（AAO工艺）出水氨氮超标的原因分析和应对策略

1）有机物导致的氨氮超标

污水中的氨氮主要是在AAO工艺中的好氧池被好氧硝化细菌氧化成硝酸盐，使氨氮得以去除。但在好氧池内，降解有机物的异养菌和硝化细菌在摄取溶解氧和微量元素方面存在竞争关系。当水厂进水受到有机物冲击，进而导致大量有机物进入好氧池，异养菌因反应底物充足进行有氧代谢，大量消耗氧气和微量元素。而硝化细菌属于自养菌，代谢能力相对较弱，在这种环境下硝化细菌难以形成优势菌种，好氧池的硝化反应受到限制，氨氮处理效果不理想，导致氨氮超标。应对的策略：

（1）暂停进水进行闷曝，内外回流连续开启。

（2）暂停排泥，保证系统有足够的污泥浓度。

（3）如果有机物已经引起非丝状菌膨胀，可以投加PAC来增加污泥絮性，投加消泡剂来消除冲击泡沫。

2）DO过低导致的氨氮超标

硝化反应需在好氧条件下进行，水中溶解氧过低将限制硝化反应的进行。以下几种原因可能导致好氧池溶解氧过低：一是曝气风机故障导致曝气量供应不足；二是曝气器

被堵塞导致空气进入好氧池受阻。上述两种原因造成曝气和搅拌效果较差，溶解氧不足。应对的策略：

（1）排除鼓风机故障，或启用备用风机。

（2）更换曝气头。

（3）改用其他不易堵塞的曝气设备。

3）氨氮冲击导致的氨氮超标

有高浓度的工业废水进入生活污水管网，导致来水氨氮突然升高，超出污水处理厂氨氮的设计负荷，造成氨氮超标。应对的策略：

（1）减少进水，降低系统的氨氮负荷。

（2）适当加大外回流流量，提高系统的污泥浓度，增强系统的抗冲击能力，减小污泥的氨氮负荷。

（3）对曝气池进行闷曝。

4）温度过低导致的氨氮超标

这种情况多发生在北方无保温或加热的污水处理厂，因为水温低于硝化细菌的适宜温度，而且系统内的污泥浓度没有因为冬季污泥活性下降而提高，导致氨氮去除率下降。应对的策略：

（1）设计阶段把池体做成地埋式的（小型的污水处理比较适合）。

（2）提前提高污泥负荷。

（3）进水加热，如果有匀质调节池，可以在池内加热，这样波动比较小，如果是直接进水可以用电加热或者蒸汽换热或混合来提高水温，这个需要比较精确的温控来

控制进水温度的波动。

（4）曝气加热。其实空气压缩鼓风时温度已经升高了，如果曝气管可以承受，可以考虑加热压缩空气来提高生化池温度。

（五）原因分析、判断依据及处理步骤

根据二期出水氨氮在线监测仪数据，初步判断一期出水氨氮正常、二期出水氨氮较高。15时30分停二期2#提升泵减少进水水量，由2200吨/小时降至1400吨/小时，取一期、二期的进出水送至检测公司进行检测，取二期进水到一期进水口在线监测站房检测氨氮为96.7 mg/L，确定总出水氨氮是因二期受到高浓度污水冲击所致，16时30分停二期1#提升泵停止二期进水，开始闷曝。重新取二期进水留样，并全程录像。

17时收到检测公司反馈16时氨氮浓度为一期出水0.17 mg/L、二期出水8.01 mg/L，总出水4.11 mg/L，与在线监测数据基本一致，16时20分开启二期1#提升泵，少量进水500吨/小时。18时总出水在线氨氮数据为1.07 mg/L、20时为1.52 mg/L、22时为1.78 mg/L。

2月1日0时总出水口氨氮为1.97 mg/L，随后逐步降低，8时加测进出水及各二沉池氨氮浓度，10时得到检测公司反馈氨氮浓度为一期东二沉池1.08 mg/L、一期西二沉池0.20 mg/L、二期东二沉池0.35 mg/L、

二期西二沉池4.80 mg/L，10时增加二期进水水量至1000吨/小时，并根据检测公司对东西二线重新配水，18时总出水口氨氮为0.985 mg/L，开始降至1 mg/L以下。

2月2日0时总出水口氨氮为0.404 mg/L，8时增加二期进水至1800吨/小时，并加测各二沉池氨氮浓度，10时40分得到检测公司反馈一期东二沉池0.29 mg/L、一期西二沉池0.33 mg/L、二期东二沉池0.32 mg/L、二期西二沉池0.22 mg/L，12时，二期进水恢复至正常水平。

（六）总结与拓展

1. 该污水厂总结的经验教训

（1）未能及时了解进水水质，一是管理人员未及时了解运行状况，值班人员虽然发现二期出水氨氮异常升高，但未及时报告上级；二是巡检人员未及时发现进水异常情况（二期厌氧池水明显发黑）；三是检测公司未及时反馈人工检测数据；四是一期进水在线设备因进水中夹杂污泥，未能正常工作。

（2）应急处置不够及时和有效，一是查找出水原因异常较慢；二是从发现数据异常到减少二期进水用了15分钟；三是不应停止二期进水，应改为少量进水；四是应尽早分析各线水质情况，及时调配水量。

（3）正常出水pH一般为7.5，较为稳定，1月31日5时pH升至8.0，17时降至7.8，2月2日12时降至7.5。

2. 该污水厂拟定的氨氮数据异常处置步骤

（1）根据一期、二期进出水在线设备判断总出水口在线设备数据是否异常。

（2）使用快速试纸和结合二期出水在线设备快速判断进水水质，查看风机风量、各好氧池溶解氧、内外回流泵运行状态，分析是因进水还是因工艺控制导致。

（3）增开风机，根据二沉池水质分析一期、二期各生产线工作状态，减少异常生产线进水，增加正常生产线进水，保证出水水质不超标。

（4）取水样送至检测公司人工检测，获得准确检测数据，确定水质情况。

（5）如果确认是进水超标，联系第三方检测公司采样取证。

（6）关注总氮等参数，及时调整水量，避免出水超标。

3. 就以上案例提出的问题

（1）该厂处置步骤有无不妥之处？如有不妥，应如何快速修正？

（2）该厂拟定的氨氮数据异常处置步骤是否正确？如何更快、更好的处置氨氮超标现象？

（3）从此案例的分析、操作及思路的梳理过程，你学到哪些？同时这些方法还能在哪些地方应用？

参考答案

1　在线氨氮、总氮测定若发现异常时，应如何确认？

答：当在线检测数据出现异常情况时，需要先保留原始溶液，进行离线检测（实验室人工检测检查），同时对检测设备进行数据确认（即进行校验），与人工（实验室检测）结果进行数据比对，以确认设备检测正确。

2　请判断该厂氨氮异常原因。

答：（1）未能及时了解进水水质，一是管理人员未及时了解运行状况，值班人员虽然发现二期出水氨氮异常升高，但未及时报告；二是巡检人员未及时发现进水异常情况（二期厌氧池水明显发黑）；三是检测公司未及时反馈人工检测数据；四是一期进水在线设备因进水中夹杂污泥，未能正常工作。

（2）应急处置不够及时和有效，一是查找出水原因异常较慢；二是从发现数据异常到减少二期进水用了 15 分钟；三是不应停止二期进水，应改为少量进水；四是应尽早分析各线水质情况，及时调配水量。

（3）正常出水 pH 一般为 7.5，当在此条件下，出水总氮和氨氮含量符合排放要求，且较为稳定。但在 1 月 31 日 5 时 pH 升至 8.45，17 时 pH 升至 8.57 最高，同时总氮和氨氮含量也有较大波动，随着工艺调整，到 2 月 2 日 12 时后 pH 降至 7.5，相关参数趋于稳定、正常。

此外 2200 t/h（5.28 万吨 / 天）水量也是超设计水量运行，也可能是导致异常的重要原因之一。

3 请分析氨氮异常应急处置措施。

答：（1）根据一期、二期进出水在线设备判断总出水口在线设备数据是否异常（以在线数据为依据，并与人工实验室检测数据进行比对）；

（2）使用快速试纸和结合二期出水在线设备快速判断进水水质，查看风机风量、各好氧池溶解氧、内外回流泵运行状态，分析是因进水还是因工艺控制导致；

（3）增开风机，根据二沉池水质分析一期、二期各生产线工作状态，减少异常生产线进水，增加正常生产线进水，保证出水水质不超标；

（4）取水样送至检测公司人工检测，获得准确检测数据，确定水质情况；

（5）如果确认是进水超标，联系第三方检测公司进行加密采样检测；

（6）关注总氮等参数，及时调整水量，避免出水超标。

我国现行的相关环保标准中涉及氨氮废水排放指标的有《地表水环境质量标准》（GB3838—2002）、《地下水质量标准》（GB/T14848—2017）、《污水综合排放标准》（GB8978—1996），以及相关行业型水污染物排放标准。

地方现行废水排放氨氮控制标准

中国《水污染防治法》第十四条规定：省、自治区、直辖市人民政府对国家水污染物排放标准中未作规定的项目，可以制定地方水污染物排放标准；对国家水污染物排放标准中已作规定的项目，可以制定严于国家水污染物排放标准的地方水污染物排放标准。地方水污染物排放标准须报国务院环境保护主管部门备案。向已有地方水污染物排放标准的水体排放污染物的，应当执行地方水污染物排放标准。各省（市、区）的废水排放标准的制定必须密切结合当地的水环境状况和地方的技术经济条件。

到目前为止，中国已有 11 个省（市）制定了 25 个地方水污染物排放标准。在这些地方水污染物排放标准中，大多数标准都规定了氨氮的排放控制限值。

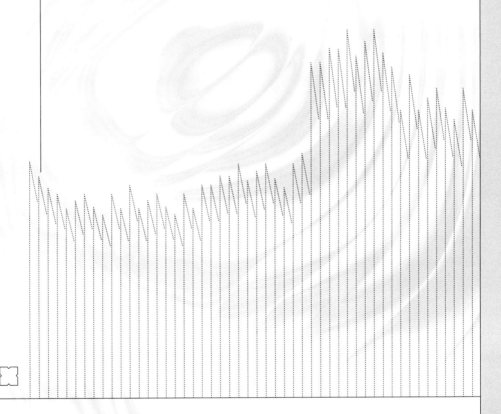

下篇
157-234

特色说明：

1. 关于本部分案例选择的说明

本篇选择了 5 个工艺案例，与上篇不同的是没有提供参考答案，需要读者根据案例给定的条件，以及所具有的能力，或结合学习体会，自己寻找出答案。且每一案例所涉及内容较为广泛，除工艺操作外，还有机械设备、仪表控制、分析检测及管理调控等内容。

2. 完成案例学习的标准

由于此类案例的试题属于开放性试题，与常规教学中完成作业的标准会有显著差异，表现在：

（1）要从已有的知识或教材中进行学习与总结归纳，才能完成参考答案的整理。

（2）有的问题可能是要通过多本教材或参考资料，才能归纳总结出来。

（3）有的问题可能需要与企业专家协商，整理归纳才能完成。

（4）某些问题还需要通过研讨、实践、改进后才能完成。

（5）在寻找整理答案的过程中，要求学习者书写读书笔记，提供学习证据，为过程性学习提供评价依据。

3. 学习成果的评价

由于此篇案例的问题多属于开放性问题，学习资料除从本案例信息页提供的信息中查找外，还有可能需要到其他案例信息页提供的信息中查找，甚至还可能从其他渠道中获得。为此学习成果的评价内容就涉及两个方面，即过程性评价和结果性评价。

4. 其他说明

企业需要的人才，一定是"复合型"，即除工艺操作之外，一定要在机械或仪表、分析等其他领域有所造诣的多面手，当遇到问题时，才能有开阔的思路和处理问题的办法。

为此，在信息页中"知识部分"分别介绍涉及"水处理工艺""水处理设备""仪表自动化控制""在线分析"和"工艺仿真软件"等参考的相关教材和资源，学习者可根据提供的资料，结合自身的兴趣和需要，有选择地去查找相关内容进行有目的和计划的进行自我学习与提升。

作为企业一线操作者，除掌握必需的专业知识和操作技能外，还应掌握一些通用基础知识。具体如下：

中控岗位工作职责

　　中控岗是一个分厂（有些企业也称车间）的"中枢神经"岗位，负责分厂的工艺控制与调度工作。作为一名好的工艺操作工，在中控室要做到"一看、二调、三恢复、四冷静"，及时处理各种状态，使工艺能在最佳状态下，发挥设备的最优产能，其具体操作如下：

　　"一看"是指看清所有表盘是否处在工作状态，若处在显示状态时，要判定相关数据是否处于正常状态；若未显示，则应迅速判断是故障还是处于休眠状态；

　　"二调"是指当显示数据波动超过正常范围时，需要与相关人员及时沟通，完成相关工艺参数的调节，使工艺处理状态回归于正常情况，降低工艺参数波动范围；

　　"三恢复"是指与工艺操作人员确认操作现场中的"工况"是否已恢复正常，并及时总结和记录处理方法，为今后处理类似问题提供借鉴；

　　"四冷静"是指当出现异常突发事件时，首先要冷静思考、认真对待、仔细分析、综合考虑、多种方案、小心调试、多方求证、果断决策，快速提高自身应变能力。

　　除上述要求外，还应具有：

（1）认真做好日常运行操作工作，按运行要求，完成对无人值守泵站的启停和管网的调控操作等工作；

（2）收集与总结数据波动与工艺控制间的互动关系，并完成从数据波动提出预警到数据波动后，及时提出纠偏处理方案的能力提升；

（3）认真做好日常操作记录，及时准确填写各项记录；

（4）努力钻研业务，掌握操作技能，有效发挥好运行操作中的维持、调控和异常情况的判断处置等方面能力；

（5）在不影响正常操作的前提下，做好参观人员的自动控制系统的工作流程情况介绍，并规范解答提出的相关问题，做好控制参数的演示操作。

中控巡检岗位的工作范围与要求

必须按职责进行定时、定点巡检。

序号	检查项目	检查内容	检查周期
1	泵房	各类泵的运行情况； 备用泵盘车情况（每班一次）； 设备润滑情况。	两小时一次
2	吸水池	标准排污口内水质外观； 吸水池液位。	两小时一次
3	加药间	计量泵运行情况； 离心泵（及系统）运行情况； 次氯酸钠贮槽、酸碱贮槽、稀释槽、溶液槽、碳源、絮凝剂槽内物料液位情况； 收配料情况； 各阀门开关、管道泄漏情况； 设备润滑情况； 备用设备盘车（每周一次）。	两小时一次
4	外来污水	污水泵的运行情况； 外来污水池液位情况； 污水管是否有泄漏。	两小时一次
5	除臭装置	风机运行情况； 循环泵、加湿泵的运行情况； 仪表数据显示情况。	两小时一次
6	雨水池	雨水泵运行情况； 雨水管线是否有泄漏； 雨水池外观情况。	两小时一次
7	均质池、混合池	进水水质情况； 搅拌机运行情况； 各阀门开关、管道泄漏情况； 设备润滑情况； 混合池内 pH 控制情况； 泵的运行、调节与控制情况。	两小时一次
8	水解酸化池	污水提升泵、内回流泵、污泥泵运行情况； 水解酸化池 pH 情况； 水解酸化池布水情况； 水解酸化池水质及挂膜情况； 各阀门开关、管道泄漏情况； 设备润滑情况。	两小时一次
9	厌氧、好氧池	高氨氮下 O 池 pH 及硝化反应下耗碱量； 潜水搅拌机运行情况； O 池内曝气情况； 活性污泥性状：颜色、气味、泡沫； 各阀门开关、管道泄漏情况； 在线溶解氧仪和在线污泥浓度仪显示情况。	四小时一次

序号	检查项目	检查内容	检查周期
10	回流泵房	各泵运行情况； 回流污泥池、回流液池液位； 备用泵盘车情况（每天一次）； 设备润滑情况。	两小时一次
11	二段好氧池	池内水质情况（污泥性状）； 曝气情况； 提升泵运行情况； 设备润滑情况； 各阀门开关、管道泄漏情况； 出水水质情况； 在线溶解氧仪和在线污泥浓度仪显示情况； 曝气机运行情况。	两小时一次
12	风机房	风机运行情况； 备用风机盘车情况。	两小时一次
13	反应池	搅拌机运行情况； 加药情况，池内水质情况； 设备润滑情况； 各阀门开关、管道泄漏情况。	两小时一次
14	沉淀池	刮泥机运行情况； 池内水质情况； 排泥泵运行情况； 设备润滑情况； 污泥池液位。	两小时一次
15	污水管道	管路、阀门是否有泄漏。	每白班一次

设备基本管理（完好率）要求（即设备档案）

（一）设备选型调研论证报告及相关资料

（1）工艺设备选型调研、设计论证、评审报告。

（2）工艺设备设计说明书及工艺参数校核说明书。

（3）设备采购计划及相关报告。

（4）设备检查、验收报告及相关入库手续。

（二）设备运行记录

（1）设备运行状况确认，即完好状态或待修状态或报废状态（三色标）。

（2）运行状况要有运行记录。

（3）待修状态要有检修计划、检修后的评价标准。

（4）更换检修设备后，运行记录，检查检修效果。

（5）设备需建立定期维护保养台账，定期维护保养、加换油和更换轴承等易损件。

（三）设备报废操作

（1）进行报废前的性能指标鉴定，确认没有再次检修价值。

（2）对可能还有利用价值的备件进行拆卸登记。

（3）按报废处理到固定场地，进行报废处理工作。

（4）从设备账上撤出设备编号单。

（5）相关资料进资料库。

检修作业中常见风险分析及安全措施

有关数据表明，设备检修过程，作业人员的不安全行为造成的事故约占事故总数的88%，作业人员的不安全行为是造成事故的最主要原因。

操作人员，请不要让家人担心，踏踏实实出门，安安全全回家！下面这6项检修作业中的安全措施，一定要牢记！

1. 腐蚀性介质检修作业

作业风险

泄漏的腐蚀性液体、气体介质可能会对作业人员的肢体、衣物、工具产生不同程度的损坏，并对环境造成污染。

安全措施

（1）检修作业前，必须联系工艺人员把腐蚀性液体、气体介质排净、置换、冲洗，分析合格，办理《作业许可证》。

（2）作业人员应按要求穿戴劳保用品，熟知工作内容，特别是有关部门签署意见。

（3）低洼处检修，场地内不得有积聚的腐蚀性液体，以防作业时滑倒伤人。

（4）腐蚀性液体的作业面应低于腿部，否则应联系相关人员搭设脚手架，以防残留液体淋伤身体、衣物、但不得以铁桶等临时支撑。

（5）作业时，根据具体情况戴橡胶手套、防护面罩，穿胶鞋等相应特殊劳保用品。

（6）拆卸时，可用清水冲洗连接面，以减少腐蚀性液体、气体介质的侵蚀作用。

（7）接触到腐蚀性介质肢体、衣物、工具等应及时清洗；若有不适，应及时治疗。

（8）作业完成后，必须做到"料净场地清"，做好现场的清洁卫生工作。

2. 转动设备检修作业

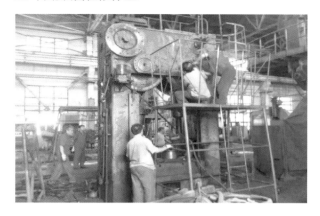

作业风险

转动设备检修时，误操作电、汽源产生误转动，会危及检修作业人员的生命和财产安全；设备（或备件）较大（重）时，安全措施不当，可发生机械伤害。

安全措施

（1）检修作业前，必须联系工艺人员将系统进行有效隔离，把动火检修设备、管道内的易燃易爆、有毒有害介质排净、冲洗、置换，分析合理，办理《作业许可证》。

（2）在修理带电（汽）设备时，要同有关人员和班组联系，切断电（汽）源，并在开关箱上挂"禁止合闸、有人工作"的标示牌。

（3）作业项目负责人应落实该项作业的各项安全措施和办理作业许可证及审批；对于危险性特大的作业，应与作业区域安全负责人一起进行安全评估，制定安全作业方案。

（4）作业人员应按要求穿戴劳保用品；熟知工作内容，特别是有关部门签署的意见，在作业前和作业中均要认真执行。

（5）拆卸的零、部件要分区摆放，善加保护，重要部位或部件要派专人值班看守。

（6）在使用风动、电动、液压等工具作业时，要按《安全操作使用说明书》规范操作，安全施工。

（7）设备（或备件）较大（重），需要多工种协同作业时，必须统一指挥，令行禁止。

（8）加强油品类物资管理，所有废油应倒入回收桶内。

（9）作业完成后，必须做到"料净场地清"，做好现场的清洁卫生工作。

3. 高处检修作业

作业风险

作业位置高于正常工作位置，容易发生人和物的坠落，产生事故。

安全措施

（1）作业项目负责人安排办理《作业许可证》《高处作业许可证》，按作业高度分级审批；作业所在的生产部门负责人签署部门意见。

（2）作业项目负责人应检查、落实高处作业用的脚手架（梯子、吊篮）、安全带、绳等用具是否安全，安排作业现场监护人；工作需要时，应设置警戒线。

（3）作业人员应按要求穿戴劳保用品，熟知工作内容，特别是有关部门签署的意见：

① 使用安全带工作时，按照《安全带使用管理规定》执行。

② 使用梯子工作时，按照《梯子安全管理规定》执行。

③ 使用脚手架工作时，按照《脚手架使用安全管理规定》执行。

④ 在吊篮或吊架内作业时，参照《起重设备安全管理规定》执行。

（4）高处作业时不应上、下同时垂直作业。特殊情况下必须同时垂直作业时，应经单位领导批准，并设置专用防护棚或采取其他隔离措施。

（5）避免夜间进行高处作业。必须夜间进行高处作业时，应经有关部门批准，作业负责人要进行风险评估，制定出安全措施，并保证充足的灯光照明。

（6）遇有6级以上大风、雷电、暴雨、大雾等恶劣天气而影响视觉和听觉的条件下或对人身安全无保证时，不允许进行高处作业。

（7）高处作业过程中：

① 全监护人要经常与高处作业人员联络，不得从事其他工作，更不准擅离职守。

② 当生产系统发生异常情况时，立即通知高处作业人员停止作业，撤离现场。

③ 当作业条件或作业环境发生重大变化时，必须重新办理《高处作业许可证》。

（8）作业完成后，必须做到"料净场地清"，做好现场的清洁卫生工作。

4. 动火检修作业

作业风险

加热、熔渣散落、火花飞溅可能造成人员烫伤、火灾、爆炸事故，弧光辐射、触电等，也会对人体产生危害。

安全措施

（1）检修作业前，联系工艺人员将系统有效隔离，把动火设备、管道内的易燃易爆介质排净、冲洗、置换。

（2）分析合格后，办理《作业许可证》《动火作业许可证》分级审批；

取样分析合格后，任何人不得改变工艺状态。

动火作业过程中，如间断半小时以上必须重新取样分析。

（3）《动火作业许可证》由动火作业人员随身携带。所有作业人员必须清楚工作内容，特别是有关部门签署的意见。

（4）作业人员必须按要求穿戴劳保用品，持有相应的资格证；在进行焊接、切割作业前，必须清除周围可燃物质，设置警戒线，悬挂明显标志，不得擅自扩大动火范围。

（5）动火作业应设监护人，备有灭火器；作业时，禁止无关人员进入动火现场。在甲类禁火区进行动火作业，项目负责人要按规定提前通知专业消防人员到现场协助监护。

（6）进行电焊作业时，要检查接头、线路完好，防止漏电产生事故。

（7）气焊作业时，氧气瓶与乙炔气瓶间的距离应保持在 5 m 以上，2 气瓶与动火点距离应保持在 10 m 以上，检查气管完好。

（8）高处焊接、切割作业时，需安放接火盆，防止火花溅落；同时，要清除下方所有的可燃物，地沟、阴井、电缆等要加以遮盖。

（9）可燃气体带压不置换动火时，要有作业方案，并落实安全措施。同时，设备内压力不得小于0.98 kPa，不得超过1.6 MPa，以保证不会形成负压；设备内氧含量不得超过0.5%。否则，不得进行动火作业。

（10）作业人员离开动火现场时，应及时切断施工使用的电源和熄灭遗留下来的火源，不留任何隐患。

（11）作业完成后，必须做到"料净场地清"，做好现场的清洁卫生工作。

5. 密闭空间检修作业

作业风险

密闭空间内存在有缺氧、高温、有毒有害、易燃易爆气体等隐患，安全措施不到位，易发生燃烧、爆炸，可造成人员伤亡等事故。

安全措施

（1）联系工艺人员切断设备上与外界连接的电源，并采取上锁措施，加挂警示牌；有效隔离与有限空间或容器相连的所有设备、管线。

（2）密闭空间经排放、隔离（加盲板）、清洗、置换、通风，取样分析合格后，作业人员办理《作业许可证》《进入密闭空间作业许可证》，分级审批。取样分析合格后，任何人不得改变工艺状态。

（3）作业前，准备好应急救援物资，包括安全带、安全绳、长管面具、不超过24 V的安全电压照明、防触电（漏电）保护器以及配备通信工具。

（4）监护人员应按要求穿戴劳保用品，选择好安全监护人员的位置；监护过程中，要经常联络，发现异常应立即通知作业人员中断作业，撤离危险区域；同时，必须注意自身保护。

（5）作业人员应按要求穿戴劳保用品。

① 第一次进入密闭空间，必须佩戴好防毒面具（长管或空气呼吸器），必须系安全带和安全绳；最好配有强制送风系统。

② 熟知工作内容，特别是有关部门签署的意见。

③ 密闭空间作业人员实行轮班制，按时换班，及时撤至外面休息。

（6）密闭空间移去盖板后，必须设置路障、围栏、照明灯等，以免发生事故。

（7）进入密闭空间作业，必须佩戴检测设备，若有异常情况，应及时撤离。

（8）作业完成后，必须做到"料净场地清"，做好现场的清洁卫生工作。

6. 电气检修作业

作业风险

电气检修作业时可能发生电击危险、电弧危害或因线路短路产生火花造成事故等，使人体遭受电击、电弧引起烧伤、电弧引起爆炸冲击受伤等伤害。此外，电气事故还可能引发火灾、爆炸以及造成装置停电等危险。

安全措施

（1）检修作业前，联系运行人员切断与设备连接的电源，并采取上锁措施，在开关箱上或总闸上挂上醒目的"禁止合闸，有人工作"的标志牌。

（2）所有在带电设备上或其近旁工作的均需要办理《作业许可证》，执行《许可证管理程序》。

（3）作业人员应按要求穿戴劳保用品（符合"变电所工作时个人防护器材要求"），熟知工作内容，特别是运行人员签署的意见。

（4）电气作业只能由持证合格人员完成，作业时必须2人以上进行，其中1人进行监护。

（5）电气监护人员必须经过专业培训，取得上岗合格证，有资格切断设备的电源，并启动报警信号；作业时防止无关人员进入有危险的区域；不得进行其他的工作任务。

（6）在维护检修和故障处理中，任何人不得擅自改变、调整保护和自动装置的设定值。

（7）电弧危害的分析和预防，对于能量大于 5.016 J/m^2 的设备，必须进行电弧危害分析，以确保安全有效地工作。

（8）对于维修中易产生静电的过程或系统，应该进行静电危害分析，并制定相应措施和程序，以预防静电危害。

（9）金属梯子、椅、凳等均不能在电气作业场合下使用。

应对污泥膨胀的案例分析

  每年冬季我国北方一些污水处理厂因水温低容易爆发污泥膨胀，也就是污水处理厂内俗称的翻泥，主要表现在二沉池活性污泥基本没有泥水分离的效果，二沉池内沉淀污泥上升到沉淀池出水三角堰，随水大量流入后续处理构筑物内，造成后续深度处理设施堵塞，直接影响整个污水处理工艺的稳定运行，现以北方某污水处理厂2021年1月因进水负荷骤变引起污泥膨胀导致二沉池翻泥治理过程为案例分享治理污泥膨胀导致翻泥的经验。

一、案例污水处理厂简介

  案例污水处理厂为北方某市政污水处理厂，设计日处理量为10万吨，分两期建设，日处理量均为5万吨，其中一期工程采用"前置反硝化卡鲁塞尔氧化沟+深度处理+消毒"工艺，二期工程采用"预处理+A^2/O+絮凝沉淀+活性砂过滤+消毒"工艺，案例污水处理厂工艺流程图如图6.1所示。

二、事故简介

  2021年1月某日凌晨，案例污水厂污水进厂液位在1.5 h内升高1.4 m（2小时内进入约4万吨），生化池溶解氧由2 mg/L升高到4 mg/L，进水COD由195 mg/L下降到84 mg/L，NH_3-N由57.8 mg/L下降到14.6 mg/L，TN由62.3 mg/L下降到19.4 mg/L，生化池水温由14 ℃逐渐降至最低10 ℃。案例发生时，该污水厂汇水区域管网正在进行雨污分流施工及污水管网排查，据此判断事故发生时间段内有大量地表水进入管网。24 h后，案例污水处理厂一、二期四组二沉池中除一期一组外的其余三组陆续出现翻泥现象。

  经过对数据分析，因短时间内进水负荷变化过大，水温低，（气温9~15 ℃，进水温度在7~13 ℃），导致污泥膨胀，污泥沉降性能差，影响泥水分离，导致翻泥。

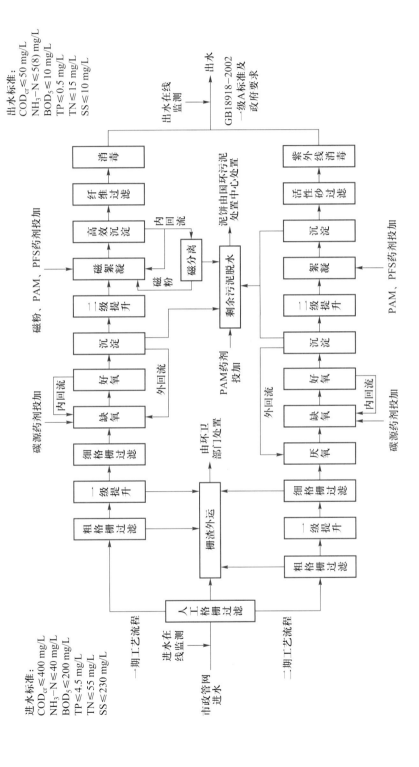

出水标准：
$COD_{Cr} \leq 50$ mg/L
$NH_3-N \leq 5(8)$ mg/L
$BOD_5 \leq 10$ mg/L
$TP \leq 0.5$ mg/L
$TN \leq 15$ mg/L
$SS \leq 10$ mg/L

出水在线监测

GB18918—2002
一级A标准及
政府要求

磁粉，PAM，PFS药剂投加

PAM，PFS药剂投加

碳源药剂投加

PAM药剂投加

碳源药剂投加

进水标准：
$COD_{Cr} \leq 400$ mg/L
$NH_3-N \leq 40$ mg/L
$BOD_5 \leq 200$ mg/L
$TP \leq 4.5$ mg/L
$TN \leq 55$ mg/L
$SS \leq 230$ mg/L

一期工艺流程

进水在线监测

二期工艺流程

泥饼由中国环污泥
处置中心处置

由环卫
部门处置

案例污水厂为市政污水厂，日常进水量一般在 4500~5000 m^3/h 之间；其中 COD：150 mg/L~220 mg/L，
NH_3-N:45 mg/L~55 mg/L，TN：50 mg/L~65 mg/L，TP：3 mg/L~4.5 mg/L，BOD：75 mg/L~85 mg/L，
MLSS：6000 mg/L，一期氧化沟有效容积：19000 m^3/组，二期生化池有效容积：20000 m^3/组

整个处置过程分三个阶段进行。

第一阶段（7天）：第一时间取样对进水数据进行化验分析，并适当控制进水量（在此之前几天，当地城管局要求增加进水量，配合城区管网排查，当时液位是4.8 m，事故发生时4.3 m），在产生翻泥的氧化沟好氧区进水口处投加PAM干粉共计10袋250 kg，在二期两组好氧池进水口处分别投加PAM溶液，第一阶段进行完后，情况没有好转，进水水量维持在一期900 m³/h，二期900 m³/h，该阶段进水COD：130~151 mg/L，NH₃-N：30~46 mg/L，TN：40~60 mg/L，SV：97~98，MLSS：6500 mg/L，生化池水温11~12 ℃，出水各项指标均可稳定达到一级A标准。

第二阶段（7天）：分别在好氧池出水口处增加铁盐投加装置，按照0.0005%比例投加铁盐，同时在一期（氧化沟工艺）利用外回流对二沉池污泥进行淘换，持续一周后情况有所好转，不再出现翻泥情况，但进水量只能分别维持在1200 m³/h，该阶段进水COD：150~200 mg/L，NH₃-N：45~60 mg/L，TN：45~72 mg/L，SV：97~98，MLSS：6500 mg/L，生化池水温：11~12 ℃，出水各项指标均可稳定达到一级A标准。

第三阶段：二阶段持续一周后，结合现场情况，在一期将铁盐投加点移至氧化沟好氧区中段按照4吨/日投加铁盐，24h后，翻泥情况消失，增加100 m³/h水量，到1000 m³/h也未出现翻泥情况，持续三日后，水量恢复到1700 m³/h至2200 m³/h未出现翻泥情况，随着脱泥量的增加，SV指标陆续下降至80%，SVI：110；同样方式在二期复制，效果不明显，后二期方案调整为，铁盐持续投加的同时，在深处理混凝沉淀池增加虹吸排泥管，增加进水量的同时，加大后端混凝沉淀池排泥量，持续30天后，翻泥现象逐渐减轻（因一、二期工艺不同，水的流态有差别，造成同样方式两期效果有差异）。该阶段进水COD：150~200 mg/L，NH₃-N：45~60 mg/L，TN：45~72 mg/L，SV：80~93，MLSS：6500 mg/L，生化池水温：13~16 ℃，生化池pH始终保持在7.3左右，出水各项指标均可稳定达到一级A标准，运行一段时间后（再维持20天）各项指标均在稳定范围，铁盐投加量比以往在深度处理投加时可减少20%。

三、通过学习本案例及回答问题，可提高如下方面

（一）操作技能

（1）能利用显微镜进行微生物镜检，准确识别各种原生动物和后生动物。

（2）能利用镜检操作，判断微生物丝状菌的生长状态。

（3）能利用在线监测数据的波动性，结合离线分析结果，对工艺参数进行合理操作控制。

（4）能利用巡检、倒池等操作，对工艺环节中涉及的各类监控仪表进行维护，以确保各类监控仪表处于正常工作状态。

（5）能利用配制溶液进行本企业氨氮在线仪的校正操作。

（6）能随时进行设备切换，以确保工艺参数运行平稳。

（7）能参与本工段应急预案的制定工作，并不断完善应急预案。

（8）能总结工艺中存在异常的处置经验，并进行分享与传承。

（9）能利用两种以上关键词法快速从网络中查找出需要的信息。

（二）知识方面

（1）微生物的分类知识。

（2）原生动物、后生动物外形特征，并掌握在水处理工艺中各种类型典型代表物。

（3）掌握在线检测中氨氮测定的基本原理及三种以上检测方法。

（4）掌握在线氨氮测定仪校正测定原理及相关操作。

（5）掌握确认检测数据准确、可靠的相关知识。

（6）掌握泵在冷态和热态情况下进行相互切换操作中的相关知识与注意事项。

（7）掌握如何选择关键词及在网页查找资料中的应用知识。

（8）掌握制定应急预案制定中的工作流程方法。

（9）掌握总结经验的相关知识。

四、通过图标数据和相关异常描述，分析和回答问题

（1）应如何进行在线氨氮检测仪的校正及结果确认？

（2）在什么情况下，需要用离线（实验室）检测氨氮检测数据与在线氨氮
检测数据进行比对，以确认在线检测结果？

（3）如何进行热态状况下泵的切换操作；如没有进行泵的预热操作，则需
要快速启动冷态泵，应如何操作？

（4）在制定应急预案过程中，应如何涵盖问题的全部？

_____

_____

_____

_____

_____

（5）在总结工艺处理异常故障经验中，应如何抓好重点，并找出解决问题
的规律？

_____

_____

_____

_____

_____

（6）解决此类问题方法，还能应用到哪些地方，同时这种处理方法是最有
效的吗？

_____

_____

_____

_____

_____

五、解决此类问题的途径与方法（提示）

（1）到一线进行顶岗操作，熟悉工艺流程与基本操作；

（2）学习在线氨氮检测和实验室氨氮检测的操作方法，并查阅资料，清楚各种检测方法的误差来源及大小；

（3）学习与了解在什么情况下，需要对在线氨氮检测和实验室氨氮检测数据进行比对，如何确认之间的差异是否符合允差要求；

（4）与师傅交流怎样发现操作中异常情况，并预判出现问题点，如何应用筛选法排除干扰因素，快速找到故障点；

（5）总结处理故障的思路及方法；

（6）在技术推广与拓展过程中，应有哪些注意事项。

六、事故总结

（通过镜检判断应为结合水膨胀，排除丝状菌膨胀）

保证污水处理工艺稳定运行是一个系统化工程，需要保证日常管理、工艺控制、应急反应等各环节同时达到良性循环，主要有以下几点建议：

（1）加强日常管理，完善应急预案，并严格监督执行，运行人员要及时关注各环节数据，建立数据分析机制，出现异常时及时采取有效应对措施，如本案例，在事故发生时第一时间如果减少进水量或暂时停止进水，会减轻或避免对工艺系统冲击。

（2）完善各工艺环节监控仪表的日常维护，以便第一时间掌握各环节数据。

（3）加强污水厂应急水质检测能力建设及员工应急检测培训，以便及时掌握关键运行数据。

（4）加强备用设备管理，尤其关键设备，要保持热备用状态，以便随时投入运行。

七、完成作业过程中需要提供的学习笔记

学习过程（含读书笔记）评价表

序号	评价项目	配分	评价方面		分值范围	评价结果	
			评价面	评价点		自评	教评
1	搜集资料方面	10	信息搜集面	仅从一类信息页中查找搜集	0~4		
				从两类信息页中查找搜集	4~6		
				除从信息页外，还从数据库中搜集查找	5~7		
				除信息页数据库外，还能从网上搜集	8~10		
		10	内容针对性	针对性不够	0~4		
				有一定针对性（不超过30%）	4~6		
				有较好的针对性（31%~70%之间）	5~7		
				针对性较高（71%及以上）	8~10		
2	对资料的处理方面	10	资料处理	罗列出所搜集的资料	0~4		
				仅将部分搜集资料进行整理（不超过30%）	4~6		
				将搜集资料较好进行编整（31%~70%之间）	5~7		
				将搜集资料系统进行编整（71%及以上）	8~10		
		10	思想性	仅记录阅读部分	0~3		
				有比较性地进行阅读	4~6		
				在比较性阅读基础上，有目的性搜集资料	7~10		
3	团队协作方面	10	记录团队合作过程	仅能记录自己的学习过程	2~5		
				记录与师傅或相关人员讨论协商过程	4~7		
				有针对性地协商和讨论，结论具有思想性	7~9		
				在协商和讨论基础上，通过实践完善结论	8~10		
		10	记录工作的计划性	仅对学习工作过程进行流水账式记录	3~6		
				记录表明开展学习与工作是有目的和计划性	7~9		
				记录表明小组学习过程中的计划性与分工性	8~10		
4	总结归纳方面	10	学习过程的总结	笔记仅能体现学习者的自学过程	3~6		
				笔记中体现出学习者学习过程中的思考	5~7		
				笔记中体现出学习者有目的地进行总结	6~8		
				笔记中体现出在总结基础上的反思和再寻找	8~10		
		10	问题思路归纳	仅对问题和结论进行归纳	6~8		
				能进行问题的梳理，归纳成解决问题的思路	7~9		
				能用解决问题的思路处理其他问题	9~10		

序号	评价项目	配分	评价面	评价点	分值范围	自评	教评
5	拓展迁移方面	20	拓展与迁移	能有方法检验总结出的思路进行有效性检验	8~12		
				用处理某题的思路（方法）应用到其他问题上	11~18		
				能在解决问题的基础上提出其他类似问题	13~17		
				在沟通交流过程中发现类似问题并有解决方案	16~20		
自我学习成果总结（综合性）							

八、完成此案例学习后的成果反思

学习成果反思表

考核方面	配分	评价点	评价	分值范围	自评	教评
知识学习	30	阅读能力的提升	优秀	5~4		
			良好	3~2		
			一般	1~0		
		总结归纳能力的提升	优秀	8~6		
			良好	5~3		
			一般	2~0		
		思考能力的提升	优秀	8~7		
			良好	6~4		
			一般	3~2		
		应对处理问题能力的提升	优秀	9~7		
			良好	6~4		
			一般	3~1		

考核方面	配分	考核点 评价点	评价	分值范围	评价结果 自评	教评
操作技能	35	对操作技能认识的变化	优秀	6~5		
			良好	4~3		
			一般	2~1		
		适合自身操作技能提升路径的探寻	优秀	12~9		
			良好	8~5		
			一般	4~2		
		适合自身操作技能提升的方法	优秀	12~9		
			良好	8~5		
			一般	4~2		
操作技能	35	适合自身操作技能提升的评价方法	优秀	3		
			良好	2		
			一般	1		
		适合自身操作技能迁移的标志	优秀	2		
			良好	1		
			一般	0		
综合职业素养	35	对职业的认知和心理预期的变化	优秀	8~7		
			良好	6~4		
			一般	3~2		
		工作心态和职业观念的变化	优秀	7~6		
			良好	5~4		
			一般	3~2		
		工作计划性的改变	优秀	10~8		
			良好	7~5		
			一般	4~2		
		有效利用或调控时间的能力变化	优秀	8~7		
			良好	6~4		
			一般	3~2		
		意志力与耐性的变化	优秀	2		
			良好	1		
			一般	0		
综合评价						

解决水处理工艺案例中的工艺问题所涉及的理论知识，可通过查阅提供的参考资料，或利用关键词法从网络上或在学校利用"知网"数据库中自行查找并总结。下面提供的部分资料，可供读者完成后面5个案例

所涉及的理论知识。

此外，还有《生活垃圾渗滤液催化氧化处理技术》《难降解有机废水处理高级氧化理论与技术》《污水电化学处理技术》等参考资料。

序号	参考资料	主要内容	特色
1	《水处理原理、技术及应用》	包括绪论、筛分、沉淀分离、气浮分离、澄清过滤、脱水干燥、混凝、吸附、离子交换、化学与物理化学法、水处理反应器、废水生化处理理论基础、活性污泥法、生物膜法、厌氧消化法、颗粒污泥技术、膜生物反应器、微生物燃料电池和微生物电解池、膜分离等。	中国的水资源危机不仅十分突出，而且已经成为经济增长和现代化进程中的根本性限制因素。水资源观念落后，涉水行为失当，水资源管理效率低下，造成水资源的巨大浪费，更加重了我国的水资源危机。
2	《微污染水源水净化技术与工艺》	主要介绍微污染水源水污染物及危害、微污染水库水处理技术、新型气浮—沉淀技术与工艺、洪水期突发微生物污染处理技术与工艺、低温低浊期突发微生物污染处理技术与工艺、湖库高藻水预氧化除藻技术与工艺、紫外线消毒技术与工艺等内容。	介绍新型的气浮—沉淀工艺，将气浮和沉淀两种工艺有机结合在一个构筑物中，当水体浊度较低或藻类含量较高时，运行气浮工艺；当水体突发高浊或持续高浊时，运行沉淀工艺，有效抵抗水库水质负荷的改变。对其工作原理、技术特点、工艺运行影响因素及运行效果进行详细介绍，为新型气浮—沉淀工艺的推广运行提供技术支持。
3	《MBR新工艺设计》	含概述、膜生物反应器原理、MBR设计工艺及主要附属设备、膜污染的影响因素与清洗方法、某市郊污水处理厂再生水回用工程设计、某市政MBR污水处理厂工程设计、MBR在中小城镇污水处理中的应用、MBR在厕所污水处理中的应用、建筑中水处理与工程设计、MBR在医院污水处理领域的应用、制药工业废水处理与工程设计、石油化工工业废水处理与工程设计、炼焦化学工业废水处理与工程设计、垃圾处理场渗滤液处理与工程设计、农化工业废水处理与工程设计、造纸工业废水处理与工程设计、纺织印染工业废水处理与工程设计、食品饮料工业废水处理与工程设计、电镀工业废水处理与工程设计、MBR在公共卫生敏感领域的应用前景、MBR系统设备采购强制性要求。	该书在调研我国MBR污水处理厂建设、运行、管理经验的基础上，阐述了MBR技术的基本原理、应用和研究现状，系统阐述膜污染的影响因素与清洗方法、大型市政污水处理厂再生水回用工程设计，详细列举了MBR在中小城镇污水、厕所污水、建筑中水、医院污水、制药工业、石油化工工业、炼焦化学工业、垃圾处理场渗滤液、农化工业、造纸工业、纺织印染工业、食品饮料工业、电镀工业等废水中的设计工艺及工程实例，介绍了膜技术在公共卫生等领域的应用前景、MBR系统设备采购强制性要求、国家相关水质标准及分析方法。

序号	参考资料	主要内容	特色
4	《陶瓷膜水处理技术与应用》	本书介绍了陶瓷膜的发展、基本特性和应用及经济性分析；介绍陶瓷膜在饮用水净化中的应用；介绍陶瓷膜在生活污水处理中的应用，分别介绍了陶瓷膜在处理农村和城市生活污水及餐饮废水中的应用；介绍陶瓷膜在海水淡化中的应用；介绍陶瓷膜在铁路交通建设与运营污水处理中的应用；基于陶瓷膜水处理技术的现状，介绍陶瓷膜的新技术进展，并对陶瓷膜水处理技术的发展进行了展望等部分。	陶瓷膜分离技术既有分离、浓缩、纯化和精制的功能，又有高效、节能、环保、过滤简单、易于控制等特点，在海水淡化、给水处理、生活污水处理和工业废水处理过程中均有较好的处理效果。陶瓷膜可在严苛的条件下进行长期稳定的分离操作，尤其是在钢铁、印染、医药、食品等工业废水和养殖废水等条件苛刻、工作环境恶劣的体系中，陶瓷膜展现出较为明显的技术优势，已经在全世界范围内逐步得到推广。同时，陶瓷膜可以与光催化技术耦合，通过光、电催化或微波、化学（如臭氧、过氧化氢、过硫酸盐）辅助技术与陶瓷膜耦合，实现更加高效地降解污染物的同时，增强陶瓷膜的抗污染性和延长其使用寿命，具有广阔的应用前景。
5	《污水生物脱氮技术》	本书介绍我国水环境氨氮污染现状、水体中氨氮污染物的危害；常见的物理、化学和生物脱氮方法；电凝聚强化生物脱氮技术的原理、工艺和实际应用；高效脱氮微生物强化生物脱氮技术的机理和污水处理厂的实际应用；基于抑制剂（甲酸和联氨）控制的短程硝化反硝化技术；以及短程反硝化除磷脱氮工艺的启动、影响因素和机理。	综合论述国内氨氮污染状态及危害，同时介绍了多种脱氮的原理与方法，对硝化、反硝化及硝化除磷协同方法进行论述。
6	《新型氨氧化污水处理技术及应用》	本书包括概论；亚硝酸盐型厌氧氨氧化处理技术的原理和工艺；硫酸盐型厌氧氨氧化处理技术的原理和工艺；铁离子型厌氧氨氧化（Feammox）的原理和工艺；典型厌氧氨氧化处理技术实例。	介绍氨氧化过程电子转移原理，重点对亚硝酸盐型厌氧氨氧化、硫酸盐型氨氧化、铁离子型氨氧化等的反应机理、微生物群落、影响因素、工程适用性分析等进行了详细阐述。氨氧化工艺的发展对于氮素在环境系统中的循环起着至关重要的作用，对于缓解水环境的氮污染具有重要作用。因此该书结合现有的氨氧化研究成果，进一步明确了氨氧化的研究方向和应用前景。
7	《高浓度有机污水厌氧氨氧化工艺研究及应用》	本书包括概论；试验材料与方法；回流比对厌氧氨氧化的影响；温度对厌氧氨氧化的影响；pH对厌氧氨氧化机制的影响；碳源对厌氧氨氧化机制的影响；不同反应器类型对厌氧氨氧化的影响；厌氧氨氧化技术的工程应用。	该书致力于厌氧氨氧化环境影响因素及其实际工程应用的探究与分析，作为未来污水处理的主导工艺，厌氧氨氧化技术的突破将对中国乃至世界的污水处理都意义重大，该书着重从实验室到中试规模，再到主流应用角度系统地对厌氧氨氧化工艺进行了剖析，从而为不同类型污水处理提供重要的理论依据。
8	《污泥处理生物强化技术》	本书介绍目前污泥处理处置现状和相关的技术难点；污泥物化处理技术和生物强化技术的原理与研究进展；嗜热菌的生理生化特征及其溶胞特性，并分离和鉴定了三种嗜热溶胞菌；嗜热菌主要的功能基因表达情况；着重考察了其对污泥水解酸化过程的影响，并对其主要功能群落进行解析；嗜热溶胞菌的预处理技术用于强化污泥水解产酸过程的前景与展望。	中国在污泥处理处置方面取得了很大的进步，但污泥资源化处理处置仍然面临瓶颈，其主要原因是污泥中有机物和微生物包裹在活性絮凝体中，由此形成的物理和化学屏障是限制厌氧消化效率的重要因素。通过污泥预处理技术可有效提高细胞破壁和水解效果，最大限度地发掘出剩余污泥中的有机能源。

序号	参考资料	主要内容	特色
9	《工业园区高难废水处理技术与管理》	本书包括概论；相关政策介绍；高难度废水处置中心的管理措施进行了叙述；难降解废水的预处理技术、适合高难废水处理的典型生化处理技术、膜前预处理技术、膜处理技术、高级催化氧化处理技术、蒸发技术进行了介绍；结合具体领域难降解工业废水类型给出了典型的处理组合工艺技术路线；介绍了两例典型工业园区难降解废水处理工程实例。	1）工业园区废水水质和水量波动大，不利于生化系统稳定运行，需要额外增设多个调节设施，进行综合调控，造成投资、占地费用高，变化大等问题； 2）工业园区高难度废水中含有较多的难降解有机物，同时有些难降解有机物的种类和浓度还会随工艺调控操作的好坏而变化，甚至还会出现有毒、有害类有机物，极端情况下还会造成生物池彻底冲毁，或出现特种菌失效等情况； 3）工业园区高难度废水一般都含高难度盐分，高盐环境不利于微生物的繁殖代谢，即使培养驯化出一批耐盐微生物，也很难应对随时变化的水质和水量；若往水中加入足量的营养物质，以维持微生物的正常代谢活动，又会造成运营成本增加而难以维持运行成本控制的困态； 4）有些难生化降解的有机物，当使用包括臭氧催化氧化、电催化氧化、芬顿催化氧化等高级催化氧化工艺才能达到处理要求。然而这些工艺的投资、运营成本往往高于其他工艺。
10	《过硫酸盐高级氧化技术及其在水处理中的应用》	本书包括过硫酸盐高级氧化技术；过硫酸盐高级氧化技术深度处理焦化废水；过硫酸盐氧化技术在污泥厌氧发酵产酸技术中的应用；过硫酸盐氧化技术存在的问题及展望等。	从过硫酸盐高级氧化技术处理焦化废水、微污染水和污泥应用的研究成果中整理和提炼，并结合国内外相关领域的新成果，提出了一些新的观点。该书既对传统工业废水深度处理、微污染水处理和污泥处理的有益补充，又是指导工业废水深度处理、微污染水、污泥处理的可操作性提高的有效途径，可以有效提升工业废水深度处理、微污染水和污泥处理的水平与能力。

案例 ⑦

风机并联运行对曝气影响的案例分析

一、事故简介

（一）描述

    某污水处理厂总规划用地43.63亩，投资8000余万元，处理能力为

3万吨/日，服务面积15平方千米，服务人口5万人。污水处理系统分为东西两套系统，各为1.5万吨/日，均采用AAO处理工艺，出水设计标准为《城镇污水处理厂污染物排放标准》（GB18918—2002）一级A标准。该项目于2010年底开始规划实施，2012年10月底完成建设并试运行，2012年12月初通过环保验收正式运行，2019年1月完成提标改造，出水提升至地表水类Ⅳ类水。

    该厂综合生化池污泥浓度8000 mg/L、泥龄40天，内回流比350%，外回流比100%。实际日处理量波动较大，为1.8~2.8万m^3/d，该厂汇水区域污水主要是某市开发区内居民综合生活污水以及约占总量70%的工业污水。服务区域内工业类型主要为新能源、新材料、信息技术、生物科技、机械电器、纺织服装、食品加工业。进、出水指标见表7.1。

表7.1 进、出水指标

指标	COD mg/L	BOD$_5$ mg/L	SS mg/L	TN mg/L	NH$_3$-N mg/L	TP mg/L	pH	粪大肠菌群数/ （个·L^{-1}）
设计进水水质	≤ 500	180	250	40	25	4.5	6~9	—
设计出水水质	≤ 50	≤ 10	≤ 10	≤ 15	≤ 5（8）	≤ 0.5	6~9	≤ 10^3
实际进水水质	300	160	220	50	45	5	7.8	—
实际出水水质	20	8	4	11	1	0.1	7.5	60

（二）主要的处理设施、设备

该厂主要设施、设备包括粗格栅及提升泵房、细格栅及综合生化池、絮凝沉淀池、砂滤池、紫外消毒渠以及相关的泵站、管道等配套设施。

该厂建厂时为2台罗茨风机并联使用，风管主管道为DN500，风管支管道为DN350，好氧池采用悬挂链式微孔曝气方式。2018年因罗茨风机能耗较高，将其中1台更换为某进口品牌空气悬浮风机，具体参数为：功率110 kW、流量5100 m³/h，压力58.8 kPa。2019年将另外1台罗茨风机更换为某国产品牌磁悬浮风机，具体参数为：功率120 kW、流量6000 m³/h，压力70 kPa。

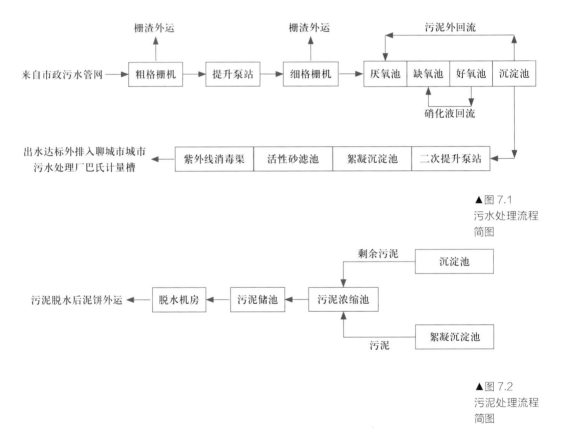

▲图 7.1
污水处理流程
简图

▲图 7.2
污泥处理流程
简图

（三）案例现象

2018年因该污水厂所在地区对污水处理企业提出提标改造要求，将污水厂出水标准由《城镇污水处理厂污染物排放标准》一级A提升至地表水类Ⅳ类水，在提标改造时该污水厂将一台罗茨风机更换为磁悬浮风机与另一台空气悬浮风机并联使用，2台风机额定风量为11100 m³/h，实际风量为9000 m³/h，远远低于额定风量，夏季风机出口温度98~103℃，较正常高了10℃，空气悬浮风机甚至会发生喘振现象。在提标改造调试过程中出现了出水水质不稳定，集中表现在氨氮数据异常，出水氨氮在1 mg/L左右，经检查进水水质正常，东西两系统配水均匀，但东西两好氧池溶解氧不均匀，东好氧池溶解氧为1.0 mg/L左右，西好氧池为2.5 mg/L左右，两好氧池溶解氧偏差较大，导致氨氮的去除率不同。经化验室检测，东池出水氨氮为2 mg/L，西池出水氨氮为0.1 mg/L，判断出水氨氮出现不稳定的原因为东好氧池溶解氧不足。

二、通过学习本案例及回答问题，可提高如下方面

（一）操作技能

（1）污水中氨氮含量测定有哪些方法？各自的特点和适用范围及测量误差为多少？

（2）风机冷态开机前应做好哪些准备？如何判定已做好开机前的准备？

（3）风机并联时应有哪些注意事项？如风量未达到要求时要如何操作？

（4）罗茨风机、螺杆风机、空气悬浮风机、磁悬浮风机等在操作中应有哪些注意事项？在冷态开机时的准备工作是否相关？

（5）上述各种风机的日常维护与保养应做哪些操作？

（6）备用上述各种风机的维护保养需要做哪些操作？为什么？

（二）知识方面

（1）水质氨氮测定原理与方法有哪些？干扰物及消除方法有哪些？

（2）氨氮测定几种方法的适用范围是什么？各自方法测量误差有多大？如何减免？

（3）罗茨风机、螺杆风机、空气悬浮风机、磁悬浮风机等的工作原理是什么？

（4）上述风机冷态开机时，要做哪些准备工作？为什么？

（5）从设备的原理和结构上分析，上述风机的维护与保养要做？为什么？

（6）风机为什么要进行并联操作？

三、通过图标数据和相关异常描述，请分析和回答问题

（1）请分析该厂氨氮异常原因。

（2）请分析该厂风机并联后风量低的原因。

（3）请简述罗茨风机、螺杆风机、空气悬浮风机、磁悬浮风机工作原理及优点与缺点。

（4）备用上述各种风机的维护保养需要做哪些操作？

（5）上述各种风机冷态开机前应做好哪些准备？为什么？

四、解决此类问题的途径与方法（提示）

　　针对东西两池溶解氧差别较大的情况，该厂首先检查曝气系统运行情况，初步怀疑东西两好氧池布气不均匀，东好氧池进气量较少，对气管支管的阀门开度进行调节，即使将阀门开大，东好氧池溶解氧上升依然不明显。猜测部分阀门不能完全打开，为保持曝气整体均衡关小其他阀门会引起风机出口憋压，因此更换了所有曝气支管阀门，但是运行依然没有改善；其次检查好氧池曝气膜进行情况，怀疑因曝气膜堵塞严重，引起风压上升，曝气不均匀，致使溶解氧含量偏低，重新更换全部曝气膜。曝气膜更换完成后出水情况有所改善，但氨氮依然有超标现象。为保证出水水质达标，该厂降低了进水水量，导致处理水量无法达到设计的规模，造成了一定的经济损失。该厂通过综合分析发现造成此现象根本原因有：空浮、磁浮两种风机设计风压不一致，加之不同风机变频调整不一致，不同型号风机并联引起风机效率降低；两台风机出口合并到母管后又分开到两套处理系统，为均衡东西两套处理系统各自进气两过程中调整主管道阀门开度引起风机互相憋压；为保证出水达标对东西两套处理系统配水情况进行了调整，进水量存在波动，为维持溶解氧在合理范围内，反复调整好氧池分支管道阀门开度，继续使曝气系统憋压，造成风量不足。

该厂随即对风机管路进行改造，将两套风机与两套系统彻底分开（但两套管路中间仍有联通管，设有阀门，平时阀门常关，在风机故障等紧急情况下可打开阀门），采用单风机带单曝气系统方式，这样避免了风机并联对风机效率的影响；各风机风量基本达到额定风量，风机出口温度也恢复正常，各好氧池曝气均匀，DO可控，出水氨氮逐步恢复至正常水平，处理水量恢复到设计负荷。

风机管路改造情况如图7.3所示，气管实线部分为原有管道，虚线部分为新增加管道，1#、2#、3#、4#阀门为原有阀门，5#、6#为新增加阀门，目前3#、5#阀门全闭，其余阀门全开，东西两处理系统采用单风机带单曝气系统独立运行。

▼图 7.3
风机管路改造
情况示意图

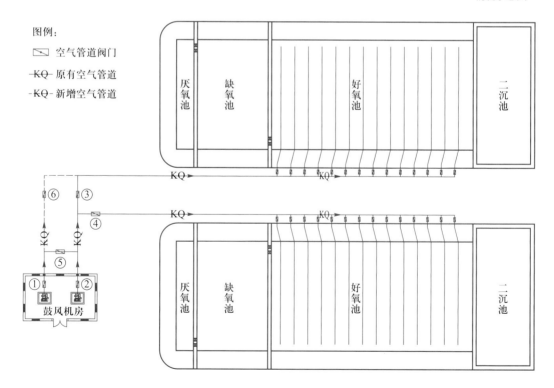

图例:
▱ 空气管道阀门
-KQ- 原有空气管道
-KQ- 新增空气管道

五、案例总结与拓展

（一）风机并联运行分析

在污水厂实际运行中，只有一台风机运行时风压或流量满足不了生产的需要，一般为两台甚至多台风机组以并联的方式运行。离心风机串联运行时可以增加风压，并联可以增加风量，如果并联在一起运行的风机流量压力相同，管路阻力不变，则总风量是两台风机的风量之和；但并联在一起运行的风机如果流量压力差别较大，再加上管路阻力的原因就会出现风量1+1<2的情况。

同规格离心风机并联特性曲线见图7.4。

同样规格的离心风机并联后与并联前相比，风压不变，风量叠加。

不同规格离心风机并联特性曲线如图7.5所示。

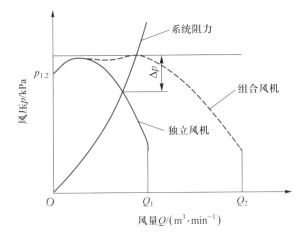

◀图 7.4
同规格离心风机并联特性曲线图

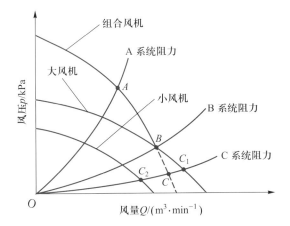

◀图 7.5
不同规格离心风机并联特性曲线图

不同规格离心风机并联后如果系统工作点在 A，则串联效果较好，风量、风压均有所增加。如果系统工作点在 B，则工作点与大风机的特性曲线拟合，小风机的运行基本不起任何作用。如果风机串联后系统工作点在 C，此时大小 2 台风机单独工作时的工作点分别为 C_1 与 C_2，并联风机工作点 C 在 C_2 与 C_1 之间，小风机的运行就起了反作用，不同规格离心风机并联工作点 B、C 时就失去风机并联的意义。

离心风机并联后风量增加程度的大小与风机管路系统特性曲线的陡峭程度有关。风机管路系统特性曲线越陡（阻抗越大），并联后增加的风量就越小；反之，增加的风量就越大。所以，如果是为了增加风量而采用并联，最好是用在管路阻力较小的系统中，否则风机并联效果将不明显。

（二）为了保证风机并联运转的稳定和有效，需要注意以下几点

① 风机的风压主要和曝气头位置到水面的水深和管道阻力有关，尽量降低风机并联管路的风阻，应充分考虑好氧池水深不同及曝气膜破损或堵塞等情况对管道阻力的影响。

② 选择合适的风机，尽可能使两台风机的风量、风压都接近相等。

③ 如需要较大幅度地增加总风量，则首先考虑同时调整两台风机，否则不仅会影响整个管路的风量，也会影响风机并联运转的稳定性。

④ 风机并联工作的效果与风机管路阻力的大小有直接关系，若风机管路阻力过大，则并联后的风量与单机运转时的风量相差不大，其并联意义也就不大了。在并联时应注意风机工作的稳定性，并联工作的不稳定性主要是因为风机特性曲线有马鞍形起伏以及网路阻力突变。

⑤ 离心风机并联后风量增加程度的大小，与风机管路系统特性曲线的陡峭程度有关，管路系统特性曲线越陡（阻抗越大）并联后增加的风量就越小，反之增加的风量就越大，如果是为了增加风量而采用并联最好是用在管路阻力较小的系统中，否则将使风机能耗大幅上升。

就以上案例提出问题：

① 请举例好氧池曝气方式。

② 请简述悬挂链式微孔曝气的优点与缺点。

③ 请简述对风机房和生化系统巡检时的注意事项。

六、完成作业过程中需要提供的学习笔记

学习过程（含读书笔记）评价表

序号	评价项目	配分	评价方面		分值范围	评价结果	
			评价面	评价点		自评	教评
1	搜集资料方面	10	信息搜集面	仅从一类信息页中查找搜集	0~4		
				从两类信息页中查找搜集	4~6		
				除从信息页外，还从数据库中搜集查找	5~7		
				除信息页数据库外，还能从网上搜集	8~10		
		10	内容针对性	针对性不够	0~4		
				有一定针对性（不超过30%）	4~6		
				有较好的针对性（31%~70%之间）	5~7		
				针对性较高（71%及以上）	8~10		
2	对资料的处理方面	10	资料处理	罗列出所搜集的资料	0~4		
				仅将部分搜集资料进行整理（不超过30%）	4~6		
				将搜集资料较好进行编整（31%~70%之间）	5~7		
				将搜集资料系统进行编整（71%及以上）	8~10		
		10	思想性	仅记录阅读部分	0~3		
				有比较性地进行阅读	4~6		
				在比较性阅读基础上，有目的性搜集资料	7~10		
3	团队协作方面	10	记录团队合作过程	仅能记录自己的学习过程	2~5		
				记录与师傅或相关人员讨论协商过程	4~7		
				有针对性地协商和讨论，结论具有思想性	7~9		
				在协商和讨论基础上，通过实践完善结论	8~10		
		10	记录工作的计划性	仅对学习工作过程进行流水账式记录	3~6		
				记录表明开展学习与工作是有目的和计划性	7~9		
				记录表明小组学习过程中的计划性与分工性	8~10		
4	总结归纳方面	10	学习过程的总结	笔记仅能体现学习者的自学过程	3~6		
				笔记中体现出学习者学习过程中的思考	5~7		
				笔记中体现出学习者有目的进行总结	6~8		
				笔记中体现出在总结基础上的反思和再寻找	8~10		
		10	问题思路归纳	仅对问题和结论进行归纳	6~8		
				能进行问题的梳理，归纳成解决问题的思路	7~9		
				能用解决问题的思路处理其他问题	9~10		

序号	评价项目	配分	评价方面		分值范围	评价结果	
			评价面	评价点		自评	教评
5	拓展迁移方面	20	拓展与迁移	能有方法检验总结出的思路进行有效性检验	8~12		
				用处理某题的思路（方法）应用到其他问题上	11~18		
				能在解决问题的基础上提出其他类似问题	13~17		
				在沟通交流过程中发现类似问题并有解决方案	16~20		
自我学习成果总结（综合性）							

七、完成此案例学习后的成果反思

学习成果反思表

考核方面	配分	考核点			分值范围	评价结果	
		评价点		评价		自评	教评
知识学习	30	阅读能力的提升		优秀	5~4		
				良好	3~2		
				一般	1~0		
		总结归纳能力的提升		优秀	8~6		
				良好	5~3		
				一般	2~0		
		思考能力的提升		优秀	8~7		
				良好	6~4		
				一般	3~2		
		应对处理问题能力的提升		优秀	9~7		
				良好	6~4		
				一般	3~1		
操作技能	35	对操作技能认识的变化		优秀	6~5		
				良好	4~3		
				一般	2~1		

考核方面	配分	考核点 评价点	评价	分值范围	评价结果 自评	教评
操作技能	35	适合自身操作技能提升路径的探寻	优秀	12~9		
			良好	8~5		
			一般	4~2		
		适合自身操作技能提升的方法	优秀	12~9		
			良好	8~5		
			一般	4~2		
		适合自身操作技能提升的评价方法	优秀	3		
			良好	2		
			一般	1		
		适合自身操作技能迁移的标志	优秀	2		
			良好	1		
			一般	0		
综合职业素养	35	对职业的认知和心理预期的变化	优秀	8~7		
			良好	6~4		
			一般	3~2		
		工作心态和职业观念的变化	优秀	7~6		
			良好	5~4		
			一般	3~2		
		工作计划性的改变	优秀	10~8		
			良好	7~5		
			一般	4~2		
		有效利用或调控时间的能力变化	优秀	8~7		
			良好	6~4		
			一般	3~2		
		意志力与耐性的变化	优秀	2		
			良好	1		
			一般	0		
综合评价						

在解决水处理工艺案例中的机械问题所涉及的理论知识，可通过查阅提供的参考资料、或利用关键词法从网络上或在学校利用"知网"数据库自行查找。下面提供的资料可供读者完成下面5个案例所涉及的理论知识。

此外，需要参考学习的资料还有：《阀门手册——使用与维修》《阀门和驱动装置技术手册》《压缩机维修手册》《分离技术、设备与工业应用》《化工密封实用技术》等。

序号	参考资料	主要内容	特色
1	《管路设计手册》	本书包括化工管路设计的理论和计算；管路安装设计的布置和绘图；管路的绝热和防腐；金属管与管件；金属法兰与连接件；非金属管路与衬里管路；常用阀门；管道应力及支吊架等部分。	重点在于管路系统的组成、管路设计的压力和温度、管径的选择、管道阻力的计算、真空管路的设计、浆液管路的设计、设计文件的要求及校审等。
2	《输送技术、设备与工业应用》	本书根据工艺所用原料和产品的特性，提出了对输送设备的基本要求；对流体流动从理论上进行介绍；液体输送设备—泵；高压物体输送设备—往复式压缩机和离心式压缩机；低压气体输送设备—风机；机械式输送设备；流态化输送设备—气力输送与水力输送；生产加工设备—粉碎设备。	物料输送设备是涉及物料输送工业过程中最常见的设备，人们常将其比喻为生产系统的"心脏"。根据输送物料的形态可分为气态物料、液态物料和固态物料。针对生产系统中所处理物料及所产品的物态、工艺条件等要求，该资料介绍了输送过程对所用设备的要求及各种不同输送设备在工业领域中的应用，力求对目前工艺中涉及的输送过程设备及其应用特性有一个概括性的了解。
3	《水泵及泵站设计计算》	本书包括水泵的基础知识、泵站的设计计算以及泵站运行管理等方面的知识。包括水泵的分类、构造、性能，泵站的类型与特点，泵站的设计计算，水泵机组的安装，泵站的运行管理，故障排除与维修等内容	取水泵站、送水泵站、循环泵站、小区加压泵站、深井泵站、污水泵站等设计计算例题。
4	《磁力泵选型·使用·维修》	本书对磁力驱动泵的认知、维护保养、操作、检修、管理都进行了系统的概述，同时介绍了磁力驱动泵从选型、检验与试验、采购、安装、使用操作、维护检修及在管理中遇到的各类问题。	磁力驱动泵（工艺流程泵）正是环保泵类中的首选泵类之一，选用环保泵类已是众多选择的关键条件之一。对磁力驱动泵的认知、维护保养、操作、检修、管理都是专业人员需要回答的专业问题。
5	《阀门手册—选型》	本书从阀门用户的实际需求出发，系统地介绍了各种阀门的特点及选型的基本知识，许多内容在阀门行业出版史上属于首次出现，如核工业用阀门、衬里阀门、低温阀门和电磁阀等。	容纳了新标准、新知识和新经验，内容完整实用，对于设计院所、工程公司及终端用户采购部门如何进行阀门选型是一本很好的参考书。

案例 ⑧

芬顿系统运行操作案例分析

一、背景描述

1894年化学家Fenton首次发现有机物在H_2O_2与Fe^{2+}组成的混合溶液中能被迅速氧化，效果较好，并把这种体系称为标准Fenton试剂。Fenton试剂氧化的实质是H_2O_2和Fe^{2+}之间发生反应生成强氧化剂$\cdot OH$，该自由基的氧化电势为2.8 V，仅次于氟，特别适用于某些难治理的或对生物有毒性的工业废水的处理。

芬顿试剂是指由H_2O_2和Fe^{2+}所配成的混合溶液，在酸性环境下具有极强的氧化能力，其反应方程式如下：

$$Fe^{2+} + H_2O_2 \longrightarrow Fe^{3+} + \cdot OH + OH^-$$

$$Fe^{2+} + \cdot OH \longrightarrow Fe^{3+} + OH^-$$

$$Fe^{3+} + H_2O_2 \longrightarrow Fe^{2+} + HO_2 \cdot + H^+$$

$$HO_2 \cdot + H_2O_2 \longrightarrow O_2 + H_2O + \cdot OH$$

$$RH + \cdot OH \longrightarrow R \cdot + H_2O$$

$$R \cdot + Fe^{3+} \longrightarrow R^+ + Fe^{2+}$$

$$R^+ + O_2 \longrightarrow ROO^+ \longrightarrow \cdots \longrightarrow CO_2 + H_2O$$

在Fe^{2+}的催化作用下，H_2O_2能产生活泼的氢氧自由基$\cdot OH$，其氧化能力仅弱于$\cdot F$，且可与废水中的有机物发生反应，使有机物分解或改变其电子云结构，从而引发和传播自由基链反应，加快有机物和还原性物质的氧化。另外，反应过程中Fe^{3+}与OH^-生成具有凝聚和吸附性能的羟基配合物（其絮凝的最佳pH范围一般为6.5~9.0），使水中的悬浮固体凝聚沉淀，因此后期絮凝一般无需加混凝剂，只加入助凝剂PAM即可。芬顿反应的处理效果与废水的污染物组成、pH、Fe^{2+}浓度、H_2O_2用量、反应温度以及反应时间有关。

二、案例介绍

（一）案例背景

某精细化工企业主要生产丙炔醇，副产物为 1，4-丁炔二醇，主要废水来源为生产工艺废水、合成检修废水、沉渣废水、车间清洗废水、反渗透浓水、生活污水，废水中主要污染物是丙炔醇、1，4-丁炔二醇、甲醛和炔醇聚合物，废水特点是可生化性较差，只有 0.25 左右且混合水甲醛含量在 500 mg/L 左右，废水主要来源见表 8.1。污水处理装置 2016 年建成投运，主体工艺采用预处理+生化处理+深度处理，主要工艺单元有高浓水精馏回收单元、母液焚烧单元、微电解、芬顿处理、水解酸化、接触氧化、臭氧催化氧化、曝气生物滤池和多介质过滤器。设计处理能力为 1000 m³/d，设计进水 COD ≤ 5500 mg/L，氨氮 ≤ 100 mg/L，设计出水 COD ≤ 150 mg/L，氨氮 ≤ 25 mg/L。目前负荷水量在 700 m³/d 左右，运行较为稳定。

（二）主要的处理设施、设备

废水处理的核心工艺之一是芬顿系统，承担高浓水的预处理，决定了后续生化系统运行的稳定性。此系统采用传统的芬顿工艺，由调酸加药单元、芬顿反应单元、pH 回调单元、絮凝单元和竖流沉淀池组成，涉及的主要设备有卧式离心进水泵、浆式搅拌机（水下衬四氟）、框式搅拌机（水下衬四氟）、螺杆排泥泵和加药计量泵；涉及的主要仪表和在线设备有进水电磁流量计（衬四氟）、加药电磁流量计（衬四氟）、在线 pH 计和在线 ORP 分析仪，日常运行在实验室检测絮凝单元过氧化物残留量。

查阅系统调试的台账发现最为典型的是 COD 去除率的波动。系统在调试阶段采用的是 30% 浓度的工业级双氧水，固体七水和硫酸亚铁，32% 氢氧化钠和 98% 硫酸，为找到运行最佳药剂加入量和芬顿系统 COD 去除率与整个污水处理系统稳定运行的匹配值，参考小试实验结果对系统进行了多次连续稳定进水调试，出现了多次 COD 去除率波动较大情况，其中较为典型的一次原始数据记录见表 8.2。

表8.1 废水来源和水质水量

车间	污水类型	COD mg/L	总氮 mg/L	水量 m³/天	备注
供气车间	锅炉排污水+气库密封水	≤ 5000	≤ 50	40	调节池（地沟）
合成车间	降温废水	≤ 5000	≤ 25	60	中间水池（管道）
	合成检修废水	≤ 50000	≤ 80	65	洗塔池（管道）
精制车间	隔板废水	≤ 10000	≤ 20	150	回用池、调节池（管道）
	沉渣废水	≤ 80000	≤ 100	10	洗塔池（管道）
触媒车间	生产废水	≤ 5000	≤ 50	60	调节池（管道）
化水车间	反渗透浓水	≤ 60	≤ 10	230	中间水池（管道）
仓库	仓库废水（化验、生活等废水）	≤ 60	≤ 10	40	调节池（管道）

说明：合成车间检修废水和精制车间沉渣废水是污染物浓度和毒性最高的两股废水合并构成高浓水，经精馏回收丙炔醇+浓液焚烧+微电解+芬顿处理。

表8.2 废水连续运行调试记录

时间	双氧水加入量 mL/L	硫酸亚铁加入量 g/L	pH	原水COD mg/L	出水COD mg/L	过氧化物残留 mg/L
5月5日	10	3	2.1	10500	7500	20
5月6日	12	3	2.1	9800	6800	50
5月7日	14	3	2.3	11000	7200	110
5月8日	16	3	2.2	11600	7500	230
5月9日	18	3	2.4	11300	7600	580
5月10日	20	3	2.5	11000	7700	880
5月11日	20	3	2.2	10700	8000	1200
5月12日	16	3.5	2.2	11200	7000	120
5月13日	16	4	2.0	11000	6500	90
5月14日	16	4.5	2.1	11300	6400	60
5月15日	16	5	2.2	10700	6300	30
5月16日	16	5.5	2.1	10900	6500	20
5月17日	16	6	2.4	10300	6800	8
5月18日	16	6.5	2.1	10500	7200	2
5月19日	16	4	2.0	10200	6300	90
5月20日	16	4	2.5	10400	6200	80
5月21日	16	4	3	10100	6400	110
5月22日	16	4	3.5	9900	6600	160
5月23日	16	4	4	10300	7000	230
5月24日	16	4	4.5	10400	7500	340
5月25日	16	4	5	10200	9000	500

三、通过学习本案例及回答问题，可提高如下方面

（一）操作技能

（1）能完成药剂制备、加料机投药量设置、投药速度设置的操作。

（2）能完成絮凝单元和竖流沉淀池组等的工艺调控操作。

（3）能完成螺杆排泥泵和加药计量泵的调控操作。

（4）注意相关设备的日常维护与保养操作。

（5）做好在线COD仪数据记录与分析，并依据实验室COD值的测定结果，确认工艺调控参数的调整。

（6）依据过氧化氢残留量的测定，确认工艺参数的调控。

（二）知识方面

（1）掌握芬顿氧化的基本原理和相关计算。

（2）掌握芬顿氧化过程中，各自试剂的作用原理。

（3）掌握芬顿氧化工艺中涉及的各种设备的工作原理和操作中的注意事项。

（4）掌握芬顿氧化工艺中涉及的各种设备的日常维护与保养的相关知识。

（5）掌握芬顿氧化工艺中涉及的各种设备的常见故障及处理的相关知识。

（6）掌握芬顿氧化工艺中涉及的相关工艺参数调控知识。

（7）掌握芬顿氧化工艺中涉及的各分析检测指标和可能产生的测量误差。

四、通过表格数据和相关异常描述，请分析和回答问题

（1）芬顿反应中双氧水加入量的影响因素。

（2）芬顿反应亚铁加入量的影响因素。

（3）芬顿反应的pH对反应的影响。

（4）案例中出现过氧化物残留异常的原因分析。

（5）案例中出现COD去除率降低的原因分析。

五、案例原因分析、判断依据与步骤

芬顿反应是一种高级氧化技术，在工业水原水毒性较高、COD较高或可生化性较低情况下经常被运用，被认为是高难度工业废水预处理或深度处理的有效手段。此案例中涉及的异常主要由药剂配比和pH调整引起，要熟练稳定控制芬顿系统必须对芬顿的原理，双氧水对COD理论去除量，亚铁作为催化剂的催化机理，亚铁在反应中被逐步氧化为三价铁后催化活性的降低机理，pH对反应的影响机理等深入掌握；在芬顿系统实际运行操作中ORP和过氧化物残留是表征双氧水残留量的有效手段，应熟练掌握；芬顿反应中不是所有的有机物均可以被碳化，因此双氧水最佳加入量应以理论计算为参考结合实验数据判定；在实际生产中如果过氧化物残留过多，沉淀池往往会出现铁泥上浮的情况，因为残留的过氧化物在pH回调后分解加快，产生大量氧气附着在铁泥表面，增加铁泥浮力，此现象可以作为运行控制的经验和参考。

六、案例总结与拓展

通过此案例不难发现生产中遇到类似情况能否及时有效解决需要有对反应原理的深刻理解和掌握，对相关仪表测试数据反应的生产情况的运用和分析，对某个水处理单元是否达到预期效果的评价手段，对系统控制的自动化仪表技术的运用。

七、完成作业过程中需要提供的学习笔记

学习过程（含读书笔记）评价表

序号	评价项目	配分	评价方面		分值范围	评价结果	
			评价面	评价点		自评	教评
1	搜集资料方面	10	信息搜集面	仅从一类信息页中查找搜集	0~4		
				从两类信息页中查找搜集	4~6		
				除从信息页外，还从数据库中搜集查找	5~7		
				除信息页数据库外，还能从网上搜集	8~10		
		10	内容针对性	针对性不够	0~4		
				有一定针对性（不超过30%）	4~6		
				有较好的针对性（31%~70%之间）	5~7		
				针对性较高（71%及以上）	8~10		
2	对资料的处理方面	10	资料处理	罗列出所搜集的资料	0~4		
				仅将部分搜集资料进行整理（不超过30%）	4~6		
				将搜集资料较好进行编整（31%~70%之间）	5~7		
				将搜集资料系统进行编整（71%及以上）	8~10		
		10	思想性	仅记录阅读部分	0~3		
				有比较性地进行阅读	4~6		
				在比较性阅读基础上，有目的性搜集资料	7~10		
3	团队协作方面	10	记录团队合作过程	仅能记录自己的学习过程	2~5		
				记录与师傅或相关人员讨论协商过程	4~7		
				有针对性的协商和讨论，结论具有思想性	7~9		
				在协商和讨论基础上，通过实践完善结论	8~10		
		10	记录工作的计划性	仅对学习工作过程进行流水账式记录	3~6		
				记录表明开展学习与工作是有目的和计划性	7~9		
				记录表明小组学习过程中的计划性与分工性	8~10		
4	总结归纳方面	10	学习过程的总结	笔记仅能体现学习者的自学过程	3~6		
				笔记中体现出学习者学习过程中的思考	5~7		
				笔记中体现出学习者有目的进行总结	6~8		
				笔记中体现出在总结基础上的反思和再寻找	8~10		
		10	问题思路归纳	仅对问题和结论进行归纳	6~8		
				能进行问题的梳理，归纳成解决问题的思路	7~9		
				能用解决问题的思路处理其他问题	9~10		
5	拓展迁移方面	20	拓展与迁移	能有方法检验总结出的思路进行有效性检验	8~12		
				用处理某题的思路（方法）应用到其他问题上	11~18		
				能在解决问题的基础上提出其他类似问题	13~17		
				在沟通交流过程中发现类似问题并有解决方案	16~20		
自我学习成果总结（综合性）							

八、完成此案例学习后的成果反思

学习成果反思表

考核方面	配分	考核点 / 评价点	评价	分值范围	评价结果 自评	教评
知识学习	30	阅读能力的提升	优秀	5~4		
			良好	3~2		
			一般	1~0		
		总结归纳能力的提升	优秀	8~6		
			良好	5~3		
			一般	2~0		
		思考能力的提升	优秀	8~7		
			良好	6~4		
			一般	3~2		
		应对处理问题能力的提升	优秀	9~7		
			良好	6~4		
			一般	3~1		
操作技能	35	对操作技能认识的变化	优秀	6~5		
			良好	4~3		
			一般	2~1		
		适合自身操作技能提升路径的探寻	优秀	12~9		
			良好	8~5		
			一般	4~2		
		适合自身操作技能提升的方法	优秀	12~9		
			良好	8~5		
			一般	4~2		
		适合自身操作技能提升的评价方法	优秀	3		
			良好	2		
			一般	1		
		适合自身操作技能迁移的标志	优秀	2		
			良好	1		
			一般	0		

| 考核方面 | 配分 | 考核点 | | | 评价结果 | |
		评价点	评价	分值范围	自评	教评
综合职业素养	35	对职业的认知和心理预期的变化	优秀	8~7		
			良好	6~4		
			一般	3~2		
		工作心态和职业观念的变化	优秀	7~6		
			良好	5~4		
			一般	3~2		
		工作计划性的改变	优秀	10~8		
			良好	7~5		
			一般	4~2		
		有效利用或调控时间的能力变化	优秀	8~7		
			良好	6~4		
			一般	3~2		
		意志力与耐性的变化	优秀	2		
			良好	1		
			一般	0		
综合评价						

在解决水处理工艺案例中的仪表自动化问题所涉及的理论知识，可通过查阅提供的参考资料、或利用关键词法从网络上或在学校利用"知网"数据库自行查找。下面提供的资料可供读者完成5个案例所涉及的理论知识。

此外还提供了《气敏传感器的制备与应用》《在线分析工程技术名词术语》《在线分析仪器手册》《西门子SINAMICS V90伺服驱动系统的应用及工程案例》等资料。

序号	参考资料	主要内容	特色
1	《PLC 基础》	基本原理、基本方法、基本概念的分析和应用，重点阐述物理概念，尽量联系生产实践，力求做到重点突出，以帮助学习者提高解决实际问题的能力。	常用低压电器、电气控制系统设计基础、电气控制电路的基本环节、常用电动机启动和调速控制电路、常用电气设备控制电路、常用机床控制电路分析。
2	《PLC编程手册》	S7-1200 /1500 PLC、三菱FX系列PLC和欧姆龙CP1系列PLC的编程和工程应用，基本涵盖了工控市场应用比较广泛的主流机型。在编写过程中，将PLC共性部分合并讲解，各种PLC机型特色部分分别讲解。	（1）内容全面，知识系统。既适合初学者全面掌握PLC编程，也适合有一定基础的读者结合实例深入学习工控技术。 （2）实例引导学习。大部分知识点采用实例讲解，便于读者举一反三，快速掌握工控技术及应用。 （3）案例丰富，实用性强。精选大量工程实用案例，便于读者模仿应用，重点实例都包含软硬件配置清单、原理图和程序，且程序已经在PLC上运行通过。 （4）对于重点及复杂内容，配有大量微视频。读者扫描书中二维码即可观看，配合文字讲解，学习效果更好。
3	《PLC案例分析及应用》	学习与掌握"常用典型电路汇总和基本指令综合应用"两大部分；利用5个应用实例，学习顺序控制设计法及步进指令的应用。	以自动装箱生产线控制系统为例，详细介绍了工厂生产线的控制分析、器件选型、整体设计，以及调试、归档等完整的项目操作过程。
4	《精通伺服控制技术及应用》	伺服驱动基本概念、步进电动机和伺服电动机结构原理知识、伺服驱动器结构及原理知识、伺服驱动控制装置（PLC/运动控制卡）知识，运动控制卡的典型应用实例，对伺服驱动技术的硬件安装、接线及调试与维修和软件的设置进行了系统介绍。	（1）涵盖伺服控制全部实用知识与技术，通过大量典型的伺服驱动控制系统实例讲解，扫清读者学习伺服控制的障碍，还有伺服驱动集成电路分析与电动机选型、接线、安装、检修。 （2）配套视频演示与讲解，透彻分析伺服驱动控制电路，实际案例展示具体电气控制细节与控制操作、接线、安装、检修技巧，直观、易懂。

序号	参考资料	主要内容	特色
5	《控制阀使用手册》	全手册共九章，含概述；控制阀结构；控制阀材料；控制阀计算的理论基础，介绍控制阀工作原理、力和力矩系统计算、流量系数计算、噪声和流量特性；控制阀的工程设计，着重介绍设计计算的理论基础、设计选型和计算示例等内容；控制阀性能对控制系统的影响，从控制系统整体出发，讨论控制系统的性能指标、控制阀性能对控制系统的影响等；阀门定位器和控制阀附件；控制阀的试验，包括主要性能试验、型式试验和检验等；控制阀的安装和维修。	（1）创新性。本手册提供笔者多年来的研究成果。如根据工作流量特性和压降比，"量身定制"控制阀阀芯型面；根据最新IEC标准编写流量系数和噪声预估等计算程序；估算额定流量系数的公式；为控制阀的精确控制和精准调节应用提供了有效手段和工具。 （2）先进性。本手册采用了最新颁布的有关国家和国际标准，介绍了国际上近年来开发的控制阀和附件，如最小流量控制阀、自动泵再循环阀、精小型执行机构、智能阀门定位器、现场总线智能阀门定位器等，紧跟国际发展趋势。 （3）理论与实践结合，如通过分析串级控制系统的共振现象，讨论阀门定位器的振荡，从本质上阐述和分析了阀门定位器功能。本手册结合集散控制系统和现场总线控制系统中智能阀门定位器的应用，对智能和非智能阀门定位器进行深入研究和分析，讨论它们对控制阀流量特性、控制系统控制品质的影响。

案例 ⑨

臭氧多相催化氧化技术应用的案例分析

一、企业简介

臭氧直接氧化反应速率较低且有选择性，主要是和双键、活性芳香族、胺、硫化物等进行反应。为提高臭氧的氧化效率，臭氧的多相催化氧化技术，是采用特制的过渡金属负载型催化剂，以多孔碳基为载体，经Ni、Mn等过渡金属高温活化，并经特殊孔结构调节处理，形成高活性的负载型非均相催化剂。

该类型催化剂目前能达到比表面积大于 10^3 m^2/g，孔隙率大于80%，表面粗糙，孔结构丰富、分布合理。同时催化剂表面含有稳定的催化活性因子，能够引发臭氧形成更为活泼的·OH，提高氧化反应的速率，解决了臭氧直接氧化利用率低的问题。通过催化作用改变氧化反应的历程，降低反应的活化能，从而迅速地氧化水溶液中某些元素和有机化合物，即使在低浓度下，也能瞬间完成，也能使水中环状物或长链分子断裂，将水中难降解的大分子污染物变成小分子物质，从而提高了污水的可生化性。该技术显著提高了臭氧氧化效率，降低了建设投资及运行成本。

然而早期的臭氧氧化装置中仅有空气源系统、产气流量在5 kg/h左右，此外还经常出现"投加单元流量计无流量、压力上升，开关流量计阀门时，也没有一点流量；当停机或者关掉投加单元阀门后，拆开流量计或者压力表，有水（有时没有水只是气体）喷出。排出水至气泡冒出后，打开阀门，流量计有流量（流量偏小），但运行一段时间后，很快又出现无流量"的现象。

二、案例描述

2017年企业升级，进行设备改造，其基本情况：

① 进水中的COD值为600 mg/L左右；

② 色度70度（黑曾）；

③ 成分主要是环类、稠苯类、硝基苯类、氯苯等难降解有机物；

④ 改善臭氧机的制氧效率和维护成本；

⑤ 改善臭氧接触池的维护与保养操作，充分提高设备的利用率。

经过半年的设备改造，使得臭氧氧化工艺明显改变。

（1）将原来旧的空气氧源系统变成液氧源系统，同时增加了惰性气体，提升了臭氧的产率和降低了臭氧的生产过程的耗电量。如图9.1所示。

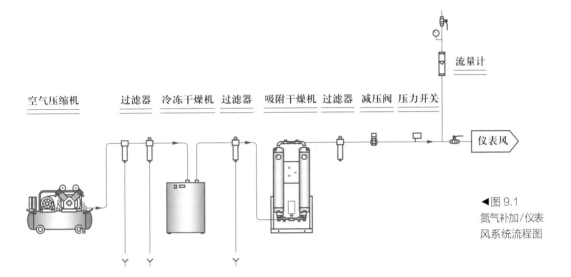

▲图 9.1
氮气补加/仪表风系统流程图

（2）改造了"后臭氧投加及接触池"系统，如图9.2所示，曝气盘采用DN100或DN150微孔钛板/陶瓷，如图9.3所示，曝气盘产生孔径60~70 μm的微小气泡，可有效提高臭氧的溶解效率，并延长与污水的接触时间，使臭氧与有机物有足够多反应时间（水深6 m）。

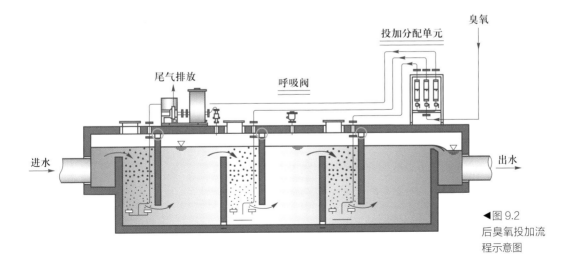

▲图 9.2
后臭氧投加流程示意图

这样改造后臭氧投加初始浓度在 4.17×10^{-4} mol/L（20 g/m^3）数量级。而一般接触装置的实际利用率在90%~95%，即尾气中臭氧浓度在 2.09×10^{-6}（1 g/m^3）~4.17×10^{-5} mol/L（2 g/m^3）。然而，此浓度如果排放到环境中，如果空气流通性差、排风差，长时间这些环境内的（在此环境内连续接触6小时）操作人员将会受到臭氧氧化影响。

（3）加装尾气破坏器，以催化热解的方式，分解臭氧，降低环境中臭氧的浓度为 4.5×10^{-9}（0.2 mg/m^3）~1.3×10^{-8} mol/L（0.6 mg/m^3）。同时增加车间的定时排风操作，使工作场所的臭氧含量低于 4.5×10^{-9} mol/L。

三、通过学习本案例及回答问题，可提高如下方面

（一）操作技能

（1）能做好制臭氧系统设备的开启准备操作，并开启臭氧系统设备。

（2）能完成臭氧氧化操作岗的工艺参数调节与控制，使COD、色度等指标的去除率达80%以上。

（3）能及时判断曝气盘的堵塞情况，并参与完成曝气盘出现堵塞后的清洗操作。

（4）能完成臭氧系统的日常维护与保养操作，并判断处置常见故障。

（5）能完成臭氧发生器的切换操作，并处理好臭氧发生器停车后的所有维护操作，确保臭氧发生器能随时开机使用。

（6）能根据环境中臭氧及其他指标检测值，对环境气体进行合理调控。

（7）能及时发现电气设备出现的异常情况，并与相关人员及时沟通汇报。

（二）知识方面

（1）学习从氧气转变成臭氧的工作原理，需要的仪器设备及相关的能

力转换条件等知识。

（2）具备查阅臭氧氧化工艺的相关资料和设计原理，梳理对稠苯、多氯苯、硝基苯等难降低高级氧化工艺的相关设备和工艺流程，并通过交流加以完善和补充。

（3）查阅和学习利用液氧转换臭氧系统设备的选型，并梳理各系统的设备工作原理、设备构成、装置组成及各自控制方法等相关知识。

（4）学习提高臭氧转化率的原理、工艺设备和相关注意事项。

（5）学习判断臭氧系统的日常维护与保养的相关知识。

（6）学习曝气盘堵塞后的故障判断和清洗原理的相关知识和注意事项。

（7）学习此实验条件下的环境检测相关知识。

（8）学习环境空气调节的相关知识。

（9）学习臭氧设备切换操作的相关知识，并从原理上分析为什么会产生如此多的后续操作，这些操作的意义与作用。

（10）学习电控设备异常情况的沟通与交流方法，能较为正确地描述故障现象。

四、通过相关现场描述和改造说明及列举数据，请分析和回答问题

（1）如何从现有的资料和工程实践中寻找出设备改造的建设思路？并在论证过程中必须注意哪些问题？

（2）在制臭氧系统设备的选型中，需要从哪些方面入手？需要有哪些注意
事项？为什么要考虑这些问题？

（3）如何向水体投加臭氧？并确保臭氧与水体有足够的接触时间，同时水
体内臭氧峰值与均值差异控制在0.8~1.5倍，且放出尾气中臭氧的浓度
控制在0.2~0.6 mg/m³？

（4）臭氧系统的日常维护与保养应有哪些操作？在定期巡检操作中又应有
哪些注意事项？

（5）臭氧系统常见故障与排除方法有哪些？在操作过程中应有哪些注意事项？

（6）曝气盘出现堵塞后应如何清洗？在清洗操作中应有哪些注意事项？

（7）你从此案例改造实例中得到哪些启示？为什么？

五、解决此类问题的途径与方法（提示）

（1）通过企业实践掌握相关设备运行中存在的问题与臭氧氧化工艺特点。

（2）了解相关设备厂商的设备指标和设备特色，为工艺设备的选型和改造做准备。

（3）从提供的资料中，查阅和学习高级氧化的原理、方法和使用的设备。

（4）学习工艺设备的选型原则和相关知识及操作设备时的注意事项。

（5）掌握设备维护与保养相关知识，掌握设备故障的判断与处理方法。

六、事故总结

臭氧设备系统尾气必须经过处理，其方法是：

① 对进尾气破坏器之前管道改造，增加洗涤喷淋塔。内置丝网除沫器、喷淋装置，洗涤臭氧尾气。

② 注意从催化效率的检测，间接监测催化剂活性，待催化效率低于20%后，建议更换催化剂，适应尾气破坏器更低运行温度。

③ 调整风机运行参数，自尾气分解罐体到风机之间的管道增加不锈钢软连接，增加空气旁通阀门，降低风机泵头内运行温度。

另外臭氧设备系统产气，需要满足如下要求：

① 含油量：要求含油量低于0.01 mg/m^3（21 ℃），最好能低于0.003 mg/m^3（21 ℃）。

② 杂质颗粒度：杂质颗粒小于1 μm，最好能小于0.01 μm。

③ 温度：一般要求温度不高于25 ℃。

④ 压力：要求有一定的压力，一般要求0.1 MPa以上，以保证臭氧发生器稳定工作。

同时臭氧设备系统还应具备如下要求：

① 可以在本地触摸屏上进行整台臭氧发生器的操作，含参数设置、设备启动等。

② 本地/远程控制转换功能。

③ 控制臭氧发生器的启、停。

④ 控制臭氧发生器进气阀门的启、停。

⑤ 检测臭氧发生器工作压力、臭氧出口流量、出口浓度、出口臭氧温度、冷却水出水温度、冷却水流量。

⑥ 根据流量设置值，自动调节控制臭氧出口调节阀，以实现臭氧流量的自动调节。

⑦ 控制制氧系统的启停。

⑧ 根据功率设置值，自动调节控制臭氧发生器的功率。

⑨ 与需方PLC系统进行通讯。

七、需要提供的学习笔记

学习过程（含读书笔记）评价表

序号	评价项目	配分	评价方面 评价面	评价方面 评价点	分值范围	评价方面 自评	评价方面 教评
1	搜集资料方面	10	信息搜集面	仅从一类信息页中查找搜集	0~4		
				从两类信息页中查找搜集	4~6		
				除从信息页外，还从数据库中搜集查找	5~7		
				除信息页数据库外，还能从网上搜集	8~10		
		10	内容针对性	针对性不够	0~4		
				有一定针对性（不超过30%）	4~6		
				有较好的针对性（31%~70%之间）	5~7		
				针对性较高（71%及以上）	8~10		
2	对资料的处理方面	10	资料处理	罗列出所搜集的资料	0~4		
				仅将部分搜集资料进行整理（不超过30%）	4~6		
				将搜集资料较好进行编整（31%~70%之间）	5~7		
				将搜集资料系统进行编整（71%及以上）	8~10		
		10	思想性	仅记录阅读部分	0~3		
				有比较性地进行阅读	4~6		
				在比较性阅读基础上，有目的性搜集资料	7~10		
3	团队协作方面	10	记录团队合作过程	仅能记录自己的学习过程	2~5		
				记录与师傅或相关人员讨论协商过程	4~7		
				有针对性地协商和讨论，结论具有思想性	7~9		
				在协商和讨论基础上，通过实践完善结论	8~10		
		10	记录工作的计划性	仅对学习工作过程进行流水账式记录	3~6		
				记录表明开展学习与工作是有目的和计划性	7~9		
				记录表明小组学习过程中的计划性与分工性	8~10		
4	总结归纳方面	10	学习过程的总结	笔记仅能体现学习者的自学过程	3~6		
				笔记中体现出学习者学习过程中的思考	5~7		
				笔记中体现出学习者有目的进行总结	6~8		
				笔记中体现出在总结基础上的反思和再寻找	8~10		
		10	问题思路归纳	仅对问题和结论进行归纳	6~8		
				能进行问题的梳理，归纳成解决问题的思路	7~9		
				能用解决问题的思路处理其他问题	9~10		
5	拓展迁移方面	20	拓展与迁移	能有方法检验总结出的思路进行有效性检验	8~12		
				用处理某题的思路（方法）应用到其他问题上	11~18		
				能在解决问题的基础上提出其他类似问题	13~17		
				在沟通交流过程中发现类似问题并有解决方案	16~20		

自我学习成果总结（综合性）

八、完成此案例学习后的成果反思

学习成果反思表

考核方面	配分	考核点 评价点	评价	分值范围	评价结果 自评	教评
知识学习	30	阅读能力的提升	优秀	5~4		
			良好	3~2		
			一般	1~0		
		总结归纳能力的提升	优秀	8~6		
			良好	5~3		
			一般	2~0		
		思考能力的提升	优秀	8~7		
			良好	6~4		
			一般	3~2		
		应对处理问题能力的提升	优秀	9~7		
			良好	6~4		
			一般	3~1		
操作技能	35	对操作技能认识的变化	优秀	6~5		
			良好	4~3		
			一般	2~1		
		适合自身操作技能提升路径的探寻	优秀	12~9		
			良好	8~5		
			一般	4~2		
		适合自身操作技能提升的方法	优秀	12~9		
			良好	8~5		
			一般	4~2		
		适合自身操作技能提升的评价方法	优秀	3		
			良好	2		
			一般	1		
		适合自身操作技能迁移的标志	优秀	2		
			良好	1		
			一般	0		
综合职业素养	35	对职业的认知和心理预期的变化	优秀	8~7		
			良好	6~4		
			一般	3~2		
		工作心态和职业观念的变化	优秀	7~6		
			良好	5~4		
			一般	3~2		

考核方面	配分	考核点 评价点		评价	分值范围	评价结果 自评	教评
综合职业素养	35	工作计划性的改变		优秀	10~8		
				良好	7~5		
				一般	4~2		
		有效利用或调控时间的能力变化		优秀	8~7		
				良好	6~4		
				一般	3~2		
		意志力与耐性的变化		优秀	2		
				良好	1		
				一般	0		
综合评价							

在解决水处理工艺案例中的在线分析选型问题上,可通过查阅提供的参考资料、或利用关键词法从网络上或在学校利用"知网"数据库自行查找。下面提供的资料可供读者完成5个案例所涉及的知识。

此外还提供"CODmax plus sc铬法COD分析仪""UVAS eco sc紫外吸收在线分析仪""9185 sc 臭氧分析仪""CLF/CL T 10 sc 无试剂的余(总)氯分析仪""Amtax™. Compact II氨氮分析仪""AISE sc 氨氮分析仪""AN-ISE sc 复合的氨氮和硝氮分析仪"等资料。

序号	仪器名称	测量原理	设备特性
1	浊度或颗粒计数或悬浮物	散射光与水样中的悬浮颗粒物成正比。如果样品中含有微小的悬浮颗粒物,那么仅有很少的散射光会被检测器检测到,因此浊度值将会较低。反之,大的悬浮颗粒物形成较强的散射光,导致较高浊度值。TU5系列浊度仪发射出的激光射入样品中,并测量样品中悬浮物颗粒产生的散射光。与入射光束呈90°的散射光,通过锥形反射镜后360°环绕样品,最终被检测器检测到。	TU5系列在线和实验室设备采用相同的光路和检测技术,消除测量中的各种不确定性,确保读值匹配独特的360°×90°光路设计和检测技术,确保低浊度测量中的准确度和重复性自带自动清洗装置,表面清洁面积减少98%,减少维护工作,显著地降低了浊度测量所需时间,测试快,反应快,节省水量;Prognosys预诊断系统可以进行设备维护预判,提醒可能出现的设备问题在0~40NTU范围内支持单点校准,有效解决环境温差导致的冷凝水凝结和起雾问题。
2	2200 PCX 颗粒计数仪	水样品里面的微小粒子通过检测通道,激光光束照射到样品,水中颗粒物遮挡了光线,在光电检测器上留下阴影,检测器检测光线的消光度。	给出水样中颗粒的粒径大小和数量;对水样的动态变化响应快;配置样品进样流量控制管道系统;通过软件操作,可以监测8个任选粒径的通道;通过软件操作,可以分别记录,数据管理,分析。
3	CL17 /CL17D 余(总)氯分析仪	CL17余(总)氯分析仪使用DPD(N, N-二乙基-1, 4-苯二胺)比色法检测氯的浓度。由于加入缓冲试剂,样品被调整到一定的pH范围,DPD随着余氯或总氯的量变成紫红色。	可以检测余氯或总氯;利用内置曲线校正;自动浊度、自动色度补偿;自动诊断;一套试剂供仪器自动运行最少30天;分析周期2.5分钟(常规版)/10分钟(管网版);可以和自动加氯泵联机,实现自动加氯;可用于无人值守的监测站。
4	UVASsc有机物分析仪	含有共轭双键或多环芳烃的有机物溶解在水中时,通过测量这些有机物对254 nm紫外光的吸收程度,以特别吸系系数SAC254来表达测量结果,作为衡量水中有机污染物总量的物理量。在一定条件下,SAC254可换算并显示为COD、BOD、DOC、TOC值。仪器双光束系统,实现浊度自动补偿。	国际通用技术,经过验证的、高精确的紫外光吸收方法 无需样品预处理,反应分析速度快,不需要任何试剂、无需取样设备 传感器有机械自清洗功能 浸入和流通池两种安装方式可供选择。

序号	仪器名称	测量原理	设备特性
5	FP360 sc 水中油分析仪	紫外荧光分析法是一种非常灵敏的方法，可以测定水中多环芳烃的浓度，与水中油的含量有非常强的相关性，它可以在较短的波长下吸光，在较长的波长下发射光（荧光），不同类型的油具有不同的辐射特性，且具有长期的稳定性，使其非常适合于应用在工业领域中的芳香族碳氢化合物监测以及所有的水质监测和废水监测领域中。	多种安装方式可供选择：浸没式，流通式，插入式 灵敏度高 运行范围广 测量不受水中悬浮颗粒物的影响 电子的日光补偿 检测溶解性和乳化性的油 钛合金探头可用于海水或高含盐样品 可以与 sc 控制器平台连接。
6	BioTector B3500e 在线 TOC 分析仪	加入酸以降低 pH，使无机碳以 CO_2 的形式被吹扫出来。检测总无机碳（TIC）。专利的二级先进氧化技术（TSAO）（美国专利：No. 6623974 B1 23）实现对样品完全和彻底的氧化，包括有机碳转化为 CO_2。再次降低样品的 pH，将 CO_2 吹扫出来，并由特别开发的 NDIR CO_2 检测器进行测量。结果以总有机碳（TOC）方式显示。	高达 99.86% 的正常运行率，可靠性高，正常运行时间长 专利的二级先进氧化技术（TSAO）（美国专利：No. 6623974 B1 23）、准确的 TOC 监测信息 即使样品中含有一定量的颗粒物和/或油脂、石油和润滑油，B3500e 的自清洗技术仍能提供可靠测量结果 6 个月的维修间隔期间无需校准或维护 较低的拥有成本，显著节约维护费用。
7	Amtax Inter2C 氨氮分析仪	水杨酸－靛酚蓝法（符合 DIN 38406 E5 和 HJ536－2009 标准）。在催化剂的作用下，NH_4^+ 在 pH 为 12.6 的碱性介质中，与次氯酸根离子和水杨酸盐离子反应，生成靛酚化合物，并呈现出绿色。在仪器测量范围内，其颜色改变程度和样品中的 NH_4^+ 浓度成正比，因此，通过测量颜色变化的程度，就可以计算出样品中 NH_4^+ 的浓度。	可双光束、双滤光片光度计测量水中 NH_4^+ 离子浓度。通过参比光束的测量，仪器消除了样品中浊度、电源 的波动等因素对测量结果的干扰。 测量值可以用图形或数字方式显示。 具有自动校准和自动清洗等功能。 内置冰箱，保证试剂的储存温度。 数据存储功能，图形显示功能。 用 CYQ 型水样预处理器进行样品预处理。
8	NITRATAX sc 硝氮分析仪	NO_3^- 在 210 nm 紫外光有吸收。探头工作时，水样流过狭缝，探头中光源发出的光穿过狭缝时，其中部分光被狭缝中流动的样品所吸收，其他的光则透过样品，到达探头另一侧检测器，计算出硝酸盐的浓度值。	国际通用技术，经过验证的、高精确的紫外光吸收方法 无需样品预处理，反应分析速度快，不需要任何试剂、无需取样设备 传感器带有自清洗功能 浸入和流通池两种安装方式可供选择。
9	Phosphax Sigma 总磷/正磷酸盐分析仪	水中聚磷酸盐和其他含磷化合物，在高温、高压的酸性条件下水解，生成磷酸根；对于其他难氧化的磷化合物，则被强氧化剂过硫酸钠氧化为磷酸根。磷酸根离子在含钼酸盐的强酸溶液中，生成一锑钼化合物，这种合物被抗坏血酸还原为蓝色的磷钼酸盐。测量磷钼酸盐的吸光度，和标准比较，就得到样品的总磷含量。	可自动分析总磷及正磷，并直接显示出含磷缓蚀阻垢剂浓度 采用符合标准方法（DIN38 405 D11）的钼蓝法测量 响应速度快，总磷测试仅需 10 分钟 仪器有自动校准功能，准确度高 有自动清洗功能，维护量小 配置有安全防护面板，安全性高 测试结果可以图形或数据显示。
10	NPW-160 总磷/总氮分析仪	总磷：（符合国标 GB 11893-89）过硫酸盐做氧化剂，在 120 ℃条件下加热消解 30 min，将磷化物转化成磷酸根离子，钼蓝吸光光度法测量总磷含量（测量波长：700 nm） 总氮：（符合标准 HJ 636-2012）过硫酸盐做氧化剂，在 120 ℃条件下加热消解 30 min，将含氮化物转化成硝酸根离子，样品溶液的 pH 调节为 2~3；紫外光吸光光度法检测硝酸盐的吸光度（测量公式：$A = A_{220}-2\times A_{275}$，其中，测量波长为 220 nm；浊度补正波长为 275 nm）	独立设计的加热分解装置 系统可方便的实现无线传输 内置存储卡，数据可长期保存 运行成本低，二次污染少 一体化设计，简化了管线连接 先进的多波长检测器可对总磷、总氮两项指标进行测量 支持中文等多种语言，触摸屏式操作界面 自动校准、自动清洗功能 试剂配方公开 总磷测量浊度补偿功能 与标准一致的 120 度下加热消解 30 min 总磷/总氮单独加热分解槽。

案例 ⑩

MVR 蒸发结晶系统案例分析

一、企业简介

本案例园区废水零排放装置，自2016年起，根据园区排放水质不同，上马了两套共计1200 m³/h废水处理装置，一期项目采用预处理+膜浓缩+纳滤分盐+蒸发结晶+冷冻结晶工艺，二期采用化学除硬、絮凝沉淀、电渗析、反渗透、纳滤分盐、冷冻结晶、MVR蒸发结晶等技术，虽然预处理工艺不同，但后续盐水最终经MVR蒸发，产出的氯化钠作为离子膜原料，冷冻产出的芒硝作为生产元明粉原料，钙泥作于脱硫剂，如图10.1和图10.2所示。

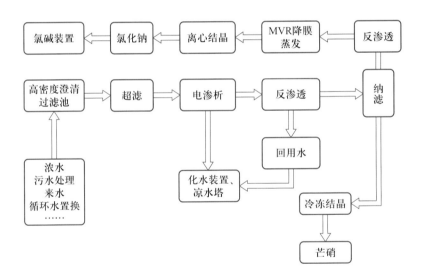

◀图 10.1
废水零排放流程示意图 1

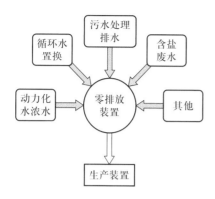

二、本案例涉及的工艺及主要设备

（一）MVR系统工艺简介

　　机械式蒸汽再压缩技术（mechanical vapor recompression），简称MVR，是利用蒸发系统自身产生的二次蒸汽及其能量，将低品位的蒸汽经压缩机的机械做功提升为高品位的蒸汽热源用于蒸发浓缩物料，将高浓度溶液中的杂质蒸发结晶，在废水零排放装置中起着至关重要的作用。

　　氯化钠溶液首先经凝液预热器和蒸汽预热器后进入降膜蒸发器，盐水通过强制循环泵从降膜蒸发器底部塔釜输送到降膜蒸发器顶部进行循环加热，加热后产生的气液混合物在降膜分离器中分离，分离出的蒸汽通过蒸汽压缩机加压后送入降膜加热器和强制循环加热器壳层用作加热蒸汽。浓缩后的盐水根据液位情况和盐水浓度向强制循环加热器中匀液，强制循环蒸发器中的盐水经强制循环加热器A加热后通过强制循环泵加压，再通过强制循环加热器B加热后，进入结晶分离室汽液分离，分离出的蒸汽通过蒸汽压缩机增压后送入降膜加热器和强制循环加热器作为热源加热盐水。加热浓缩后盐水在分离室底部形成结晶，结晶盐通过出盐泵采出，在晶浆罐中缓冲后，通过离机心分离、包装，得到工业氯化钠，工业氯化钠可作为氯碱化工的原料，如图10.3所示。

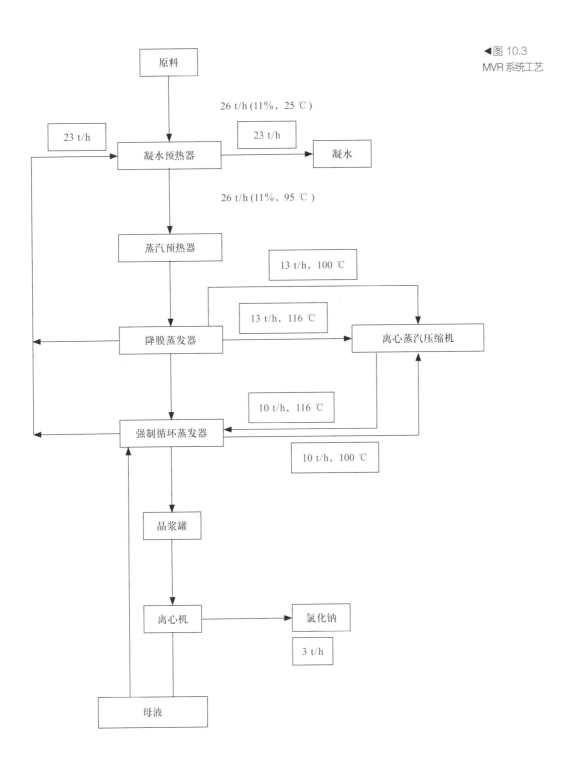

（二）主要设备

主要设备见表10.1。

表10.1 主要设备一览表

类别	名称	规格	材质	数量
换热器	降膜加热器	$F=980 \ m^2$	TA2+316L	1
	强制加热器	$F=665 \ m^2$	TA2+316L	2
	凝水预热器	$F=95 \ m^2$/板换	TA2	1
	蒸汽预热器	$F=10 \ m^2$/板换	TA2	1
罐类	气液分离器	DN2400	TA2/Q345R	1
	蒸发室	$V=50 \ m^3$	TA2/Q345R	1
	凝水罐	$V=3 \ m^3$	304	1
	降温水罐	$V=1 \ m^3$	304	1
	母液罐	$V=6 \ m^3$	TA2	1
机泵	蒸汽压缩机	$Q=23 \ t/h$，16 ℃	钛合金/316L	1
	降膜循环泵	$240 \ m^3/h \times 32 \ m \times 55 \ kW$	TA2	1
	强制循环泵	$6000 \ m^3/h \times 5 \ m \times 160 \ kW$	TA2	1
	进料泵	$30 \ m^3/h \times 30 \ m \times 7.5 \ kW$	TA2	1
	凝水输出泵	$30 \ m^3/h \times 30 \ m \times 5.5 \ kW$	304	1
	出料泵	$25 \ m^3/h \times 32 \ m$	TA2	1
	母液泵	$10 \ m^3/h \times 32 \ m \times 7.5 \ kW$	TA2	1
	蒸汽过热消除泵	$3 \ m^3/h \times 32 \ m \times 2.2 \ kW$	304	1

（三）事故的描述

经多年运行MVR系统易出现以下异常问题，并对异常原因进行分析，对解决异常的方法进行讲解。

问题一：MVR蒸汽压缩机喘振

喘振，是MVR蒸汽压缩机经常出现的问题，导致喘振的原因主要为工艺运行条件影响，导致压缩机进气量不足，压缩机通过喘振提出抗议。

（1）原始开车，新鲜蒸汽量不足，导致二次蒸汽量少。

措施：根据蒸发器温升、压升速率，通入适量新鲜蒸汽（但需避免蒸发器过热），当蒸发器温度或压力基本达到或达到设计值后，再开启蒸汽压缩机。

（2）防喘振阀门关闭过早，蒸发器尚未达到平衡的二次蒸汽量。

措施：蒸发器温度、压力达到设计值时，可将防喘振阀门关闭。关闭前需提高降膜加压器、结晶分离器液位，防止防喘振阀门关闭后，蒸发量骤增导致液位控制困难。

（3）降膜蒸发器、强制循环加热器控制气压低或温度高，蒸发器过热、盐水沸腾。

措施：严格执行蒸发器气压、气温设计值，是确保蒸发量的基本常识。

（4）降膜分离器、结晶分离器的丝网除沫器堵塞。

措施：设置均匀、全覆盖的丝网除沫器冲洗水，并且使用冷凝液进行冲洗；冲洗频次、时间、水量需根据冲洗效果摸索确定。

（5）降膜加热器液位控制高，二次蒸汽流通受阻。

措施：控制降膜蒸发器液位，给二次蒸汽留足空间；严禁降膜加热器液位漫过二次蒸汽出口管。

（6）结晶分离器液位控制过高或过低，二次蒸汽中夹带大量杂质或盐水直接飞溅，堵塞丝网除沫器。

措施：适当控制结晶分离器液位，防止水头上涌，起不到水封作用；液位过高或过低都存在堵塞丝网除沫器风险。液位过高还减少了二期蒸汽上升空间，汽液分离效果差。

（7）结晶分离器二次蒸汽的水汽分离空间高度不够。

措施：结晶分离器液位高或设计汽液分离空间不足，盐水污堵丝网除沫器。有效控制结晶分离器液位，是稳定运行的基础。若有必要可适当加高汽液分离空间。

（8）丝网除沫器吹翻，二次蒸汽带水。

措施：足够压力、温度的冲洗水，根据丝网除沫器压差或定时定量进行冲洗，确保丝网除沫器透气度。

（9）不凝气、冷凝液排放受阻。

措施：定期、定时开启不凝气排放阀门，或微量、常开不凝气控制阀；保持蒸发器冷凝液阀门全开，管道畅通。

问题二：蒸发量下降速率快

MVR蒸发系统的蒸发量直接影响整个废水零排放工艺的水平衡，虽然在设计阶段已考虑系统的衰减而有意提高设计蒸发量。但影响蒸发量的因素较多，需要综合考虑，在综合调整中达成平衡。

（1）盐水的预处理效果差，钙镁、硅等结垢成分含量高。

措施：预处理除硬、离子交换除硬做功差。未设置离子交换除硬。

（2）盐水中碳酸根含量高。

措施：控制预处理出水和脱碳塔进水pH，将水中的碳酸氢根和碳酸根转换为二氧化碳。

（3）蒸发器内杂质富集，未形成结晶排出。

措施：盐水中的微量、少量杂质在蒸发器中不断浓缩、富集，如果不能适量排出系统，最终将导致结晶盐降低、蒸发量减少。MVR蒸发系统＋滚筒干燥机基本能够解决此项问题。

（4）盐水有机物含量高，蒸发器内泡沫量大。

措施：在预处理阶段使用生化系统或芬顿工艺减少有机物含量。也可使用臭氧＋催化剂的工艺，尽量在前端工艺降低有机物含量。当蒸发器内产生泡沫后，可适当加入消泡剂进行缓解、消除。

（5）保温措施不到位，热损失量大。

措施：管道、设备保温措施不完善，热量损失大，导致新鲜蒸汽加入量大，成本升高；确保管道、设备保温层的完整性，是保持MVR蒸发系统热平衡的重要手段。

（6）不凝气、蒸发器冷凝液排放受阻。

措施：定期、定时开启不凝气排放阀门，或微量、常开不凝气控制阀；保持蒸发器冷凝液阀门全开，管道畅通。

问题三：盐水管道堵塞

盐水管道堵塞主要发生在饱和盐水的输送管道上，包括采料泵进出料管道、旋液分离器、晶浆罐下料管、母液泵进出料管。

（1）管道设计走向垂直或水平。

措施：输送饱和盐水的管道严禁设计为垂直或水平走向，保持一定的倾斜度，将有效缓解盐沉淀、堵管现象。

（2）饱和盐水管道或控制阀前后未设置冲洗水。

措施：合理地设置冲洗水安装位置，选用温水或冷凝液最佳，是疏通管道的最佳办法。

（3）部分结晶物料会随着温度的降低而迅速在管内壁结晶。

措施：为了防止管路传输过程中温度变化大，可设计保温措施或加伴热装置，保证物料不在管路中结晶而造成管路堵塞。

（4）阀门在管路系统中起到切断的作用，当阀门闭合时，物料将会截止，当阀门全开下则物料流通，部分阀门在全开状态下亦会留有机械死角，造成晶粒堆集。

措施：阀门一般以结构简单、流通面积大为选用标准，如球阀，尽量避免选用截止阀或蝶阀，且在管路设置中尽量设置阀门一用一备，方便管路堵塞严重时拆卸管路。

（5）系统停运后，未使用清水或冷凝液对管道进行冲洗、置换。

措施：高浓度盐水管道或系统停运后，及时用冲洗水进行置换。若不是系统紧急停车，建议对系统进行热洗后，再停运。

问题四：在线仪表数据偏离

在线仪表包括液位计、温度计、压力变送器等检测设备，这些仪表为系统稳定运行、调整提供依据，监测数据的偏离，直接影响蒸发系统的调整方向。

措施：影响以上仪表的主要因素为盐结晶。浓度盐水在电器元件接触面析出，降低电器元件灵敏度。在线仪表处设置冲洗水，定期进行冲洗。

问题五：电气元件自动控制失效

蒸发结晶系统已实现自动控制，其中调节阀、液位传感器、温度变送器及压力变送器在联动控制中起到决定性作用，如失效将会对系统产生小到控制失调，大到系统损坏的影响

（1）调节阀定位器发生故障，无法实现远程调节。

措施：调节阀一经损坏应及时返厂维修，且在出厂前做好检测检验，合格后，发往现场，如不能及时解决，可以选用备用方案，进行本地操作，但

需经验丰富的操作人员进行操作。

　　（2）液位计失效，则无法确定实时液位，造成原因可能是液位计本体
　　　　线路错误，也可能是物料起沫造成虚假液位。

　　措施：不同类型液位计应严格按照安装说明进行安装，液位探杆过长需
考虑料液流动冲击，是否会造成测量失效，如因物料起沫造成虚假液位，应
及时配比消泡剂或设置消泡装置。

　　（3）温变、压变失效，无法实时反馈系统温度计压力，可能温度探杆
　　　　接触壁面，压变探孔被堵，造成其失效。

　　措施：温变及压变应先排除接线问题，如无误，则查看其探头是否被包
裹或损坏，系统中应设置本地仪表，可与传感器进行比对矫正。

三、通过学习本案例及回答问题，可提高如下方面

（一）操作技能

　　（1）能进行蒸汽压缩机冷态开车操作，控制好蒸发器温度和压力的提
　　　　升速度。

　　（2）能处理好蒸汽压缩机喘振现象，并使压缩蒸汽装置正常工作。

　　（3）能快速判断影响蒸发量下降速率快的因素，并及时处理，控制好
　　　　蒸发量。

　　（4）能及时判断和处置盐水运行系统（如管道、阀门等）堵塞现象。

　　（5）能及时发现流量计、阀门定位器、液位计等设备发生的故障，并
　　　　及时处理处置或与相关人员进行沟通处理。

（二）知识方面

　　（1）掌握蒸汽压缩机的工作原理及相关知识。

　　（2）掌握喘振产生原理及调整降膜加压器和结晶分离器的相关知识。

　　（3）掌握膜蒸发器和强制循环加热器工艺参数的控制要求和影响因素。

　　（4）掌握钠盐、碳酸盐和硬度的溶解度与温度间的相关知识。

　　（5）掌握过饱和溶液不结晶的相关知识。

　　（6）掌握设备防腐及控制的相关知识。

　　（7）掌握制定应急预案制定中的工作流程方法。

　　（8）掌握总结经验的相关知识。

四、依据上述问题和对措施的描述，请分析下述问题

1. 压缩机运行过程中，振动突然加大的原因有以下几种

（1）供油压力过低（低于0.1 MPa），导致轴承油膜厚度不够。

（2）稀油站供油温度过高（超过45 ℃），导致轴承油膜刚度不够。

（3）机壳内真空度突然下降，导致压缩机运行负载升高。

如果遇到上述情况，必须马上降低压缩机转速，直至运行平稳，振动值稳定在正常范围，然后再检查原因并排除，方可提速，继续运行。

2. 在出现以下情况时应立即停机

（1）压缩机润滑油压力低于0.11 MPa。

（2）压缩机高速轴承温度高于115 ℃。

（3）压缩机低速轴承温度高于115 ℃。

（4）压缩机轴位移偏差大于1.0 mm。

（5）压力表、温度表及安全阀失效时。

（6）现场巡检时，发现压缩机机组内部发出金属摩擦声或撞击声。

（7）现场巡检时，发现压缩机机组发生强烈振动。

（8）现场巡检时，发现压缩机机组任何部位冒烟。

3. 常见问题及处理措施

表10.2　常见问题及处理措施

现象	原因	处理方法
真空低	真空系统漏气	检查补漏
	上水量小或温度过高	加大上水量
	下管堵塞或结垢	停车处理
	加热室漏	停车检修
强制泵电流高	液面下降	提高液位，保持液位在上视镜处
	蒸发器内严重结盐	需加水小洗或洗效
	泵的运转不正常	对泵和电动机进行检修

五、解决此类问题的途径与方法（提示）

（1）MVR蒸发器正常运行时，如果压缩机喘振，要手动增加平衡阀的开度。喘振消失后，平衡阀慢慢关闭。

（2）为了保证系统的稳定蒸发，必须严格控制工艺参数，特别是蒸汽压缩机、强制循环泵电流、工作频率、系统温度、压力和液位。

（3）蒸发量大时，分离器液位会明显下降、这时候进料量要增加、蒸发量小时、要减少进料量、系统加热或压缩机频率增加等问题会被解决。

（4）正常蒸发时，要控制好出料量。

（5）MVR蒸发器正常运行时，如果各变频器出现显示故障，导致电机停机，可关闭电源5分钟，然后点击电源启动电机观察是否正常运行。

六、事故总结

（1）废水蒸发结晶时，长期运行过程中会导致废水蒸发结晶器的堵管和结垢，主要有两种情况会导致堵管和结垢。是晶体盐的沉积，二是钙镁离子在长期运行过程中也会结垢，当遇到此类情况时，该如何解决呢？解决方案：

① 蒸发结晶器结垢要想防止堵管，在设计时就要防患于未然，要选择合适的蒸发工艺，以避免蒸发结晶现象的产生。

结晶物料如果采用降膜等蒸发器就容易导致堵管，可以选择强制循环蒸发结晶器，以避免结晶现象的产生。

在设计蒸发器时还要考虑减少结晶盐的结垢，设计管路需要更精确，符合盐结晶体的流运和沉积，以避免在拐角处或者拐弯处结垢沉积。

② 长期运行导致的钙镁结垢，需要对入水进行预处理或者软化，以降低钙镁离子的浓度。

③ 蒸发结晶器在运行一段时间后，及时进行清洗。

（2）如何选用合适的蒸发结晶工艺呢？

根据废水水质情况，在设计蒸发工艺时，尤其是以除盐为目的的蒸发操作，有专家认为要优先采用强制循环蒸发工艺；当盐类溶液浓度低时，可以采用组合工艺，即选择降膜+强制循环组合工艺，这样可以降低运行及初次投资成本。

（3）蒸发结晶过程中，要考虑到COD的去除率。

废水中有机物的含量与废水中COD值相关联，同时有机物沸点也存在高低之差。在废水处理达标回用时，要考虑回用水中残留的COD值。

高沸点有机物在蒸发时，会随着盐结晶一起进入到固废或废液系统，冷凝水中基本不会残留有机物；但当废水中含有较多低沸点有机物，在废水蒸发过程中，会随着冷凝水进入系统，冷凝水中COD值变化不大。

（4）在制定应急预案过程中，应如何涵盖问题的全部。

（5）在总结处理工艺的异常故障经验中应抓好重点，并找出解决问题的规律。

七、需要提供的学习笔记

学习过程（含读书笔记）评价表

| 序号 | 评价项目 | 配分 | 评价面 | 评价方面 | 分值范围 | 评价结果 | |
				评价点		自评	教评
1	搜集资料方面	10	信息搜集面	仅从一类信息页中查找搜集	0~4		
				从两类信息页中查找搜集	4~6		
				除从信息页外，还从数据库中搜集查找	5~7		
				除信息页数据库外，还能从网上搜集	8~10		
		10	内容针对性	针对性不够	0~4		
				有一定针对性（不超过30%）	4~6		
				有较好的针对性（31%~70%之间）	5~7		
				针对性较高（71%及以上）	8~10		
2	对资料的处理方面	10	资料处理	罗列出所搜集的资料	0~4		
				仅将部分搜集资料进行整理（不超过30%）	4~6		
				将搜集资料较好进行编整（31%~70%之间）	5~7		
				将搜集资料系统进行编整（71%及以上）	8~10		
		10	思想性	仅记录阅读部分	0~3		
				有比较性地进行阅读	4~6		
				在比较性阅读基础上，有目的性搜集资料	7~10		

序号	评价项目	配分	评价方面		分值范围	评价结果	
			评价面	评价点		自评	教评
3	团队协作方面	10	记录团队合作过程	仅能记录自己的学习过程	2~5		
				记录与师傅或相关人员讨论协商过程	4~7		
				有针对性地协商和讨论，结论具有思想性	7~9		
				在协商和讨论基础上，通过实践完善结论	8~10		
		10	记录工作的计划性	仅对学习工作过程进行流水账式记录	3~6		
				记录表明开展学习与工作是有目的和计划性	7~9		
				记录表明小组学习过程中的计划性与分工性	8~10		
4	总结归纳方面	10	学习过程的总结	笔记仅能体现学习者的自学过程	3~6		
				笔记中体现出学习者学习过程中的思考	5~7		
				笔记中体现出学习者有目的进行总结	6~8		
				笔记中体现出在总结基础上的反思和再寻找	8~10		
		10	问题思路归纳	仅对问题和结论进行归纳	6~8		
				能进行问题的梳理，归纳成解决问题的思路	7~9		
				能用解决问题的思路处理其他问题	9~10		
5	拓展迁移方面	20	拓展与迁移	能有方法检验总结出的思路进行有效性检验	8~12		
				用处理某题的思路（方法）应用到其他问题上	11~18		
				能在解决问题的基础上提出其他类似问题	13~17		
				在沟通交流过程中发现类似问题并有解决方案	16~20		
自我学习成果总结（综合性）							

八、完成此案例学习后的成果反思

学习成果反思表

考核 方面	配分	考核点 评价点		评价	分值范围	评价结果 自评	教评
知识学习	30	阅读能力的提升		优秀	5~4		
				良好	3~2		
				一般	1~0		
		总结归纳能力的提升		优秀	8~6		
				良好	5~3		
				一般	2~0		
		思考能力的提升		优秀	8~7		
				良好	6~4		
				一般	3~2		
		应对处理问题能力的提升		优秀	9~7		
				良好	6~4		
				一般	3~1		
操作技能	35	对操作技能认识的变化		优秀	6~5		
				良好	4~3		
				一般	2~1		
		适合自身操作技能提升路径的探寻		优秀	12~9		
				良好	8~5		
				一般	4~2		
		适合自身操作技能提升的方法		优秀	12~9		
				良好	8~5		
				一般	4~2		
		适合自身操作技能提升的评价方法		优秀	3		
				良好	2		
				一般	1		
		适合自身操作技能迁移的标志		优秀	2		
				良好	1		
				一般	0		
综合职业素养	35	对职业的认知和心理预期的变化		优秀	8~7		
				良好	6~4		
				一般	3~2		
		工作心态和职业观念的变化		优秀	7~6		
				良好	5~4		
				一般	3~2		

考核方面	配分	考核点		评价	分值范围	评价结果	
		评价点				自评	教评
综合职业素养	35	工作计划性的改变		优秀	10~8		
				良好	7~5		
				一般	4~2		
		有效利用或调控时间的能力变化		优秀	8~7		
				良好	6~4		
				一般	3~2		
		意志力与耐性的变化		优秀	2		
				良好	1		
				一般	0		
综合评价							

在解决水处理工艺案例中的工艺操作技能提升方面存在问题时，可通过查阅提供的仿真参考资料，或利用关键词法从网络上查找相关的仿真操作资料，提供模拟操作，提升操作技能水平和对某些操作技巧的理解与掌控，从而对某些技能点的理解与掌握。为在完成案例学习方面提供不一样的技能提高。

此外还有《工业废水处理3D仿真软件》《污水处理综合实训3D虚拟仿真软件》《农业面源污染治理3D虚拟仿真软件》《饮用水主要污染来源识别3D仿真软件》等。

序号	软件名称	特色	所要达到的目标
		一、水处理工艺类	
1	AAO典型污水处理工艺的运行操作	以AAO工艺原型为例，利用动态数学模型，实时模拟工艺从物理处理、生化处理到污泥处理的整个工艺流程，对工艺中的启、停、运、常见设备故障处置、常见工艺事故处置等常见岗位任务，进行了工程模拟实践操作。	（1）软件操作下，可以完全模拟实际岗位操作； （2）操作错误或操作不熟练者，均可以通过多次重复操作，直至练到熟练止； （3）可以设置不同情况和异常情况进行操作，不会对实际设备产生危害； （4）在处理各类操作状况下，均不会产生人身伤害和设备损失； （5）故障设置可以是单一类型或多种情况（两种及以上），可随时增加问题难度； （6）可以客观对操作者进行评价，并自动给出操作评价。
2	城市给水处理工艺仿真软件	从取水至上水的工艺流程，从滤池到反渗透的装置操作，利用实时动态数学模型，实时模拟了来水指标变化、工艺负荷变化等工艺运行调节；滤池反冲洗、反渗透系统停机保养等设备操作；泵坏、漏氯吸收装置坏等设备故障；管网压力高、出水超标等工艺异常。	（1）学习者可以快速积累各类工艺设备类的岗位工作任务操作经验； （2）学习者在进行各项工艺处置时，均不会产生设备和药剂损耗； （3）学习者可以通过自动的操作评价系统，随时复盘总结操作方案； （4）学习者可以在完全属于自身的工艺环境中进行学习，不需轮流或者共享学习； （5）学习者在学习过程中，不需面对人身伤害的风险，以及恶劣环境的影响。
3	设计型水污染控制工程专业实验3D虚拟仿真软件	在生活污水、印染废水、石油炼制废水、铁矿选矿废水、垃圾渗滤液五种常见的污水基础上，由格栅、酸碱中和池、混凝沉淀池、辐流沉淀池、UASB、SBR、AAO、芬顿池等15种构筑物及设备设施进行相应污水的工艺流程搭建。	（1）在给定设备的基础上，由搭建者针对提供的污水类型与信息选择工艺流程，在查阅设计手册的基础上，确认对构筑物的要求； （2）依据给定的处理量，进、出口指标要求，选用处理设备； （3）依据选用工艺，对输送量、循环量、停留时间等涉及的工艺参数进行选定与优化； （4）对确认好的工艺参数进行评价，给出最终的工艺参数； （5）对多个工艺流程进行优化比较，说明两种以上（含两种工艺）处理特点及适用特点。

序号	软件名称	特色	所要达到的目标
二、工艺操作安全类			
1	《典型污水处理厂受限空间安全事故处理3D虚拟仿真软件》	软件在虚拟仿真3D场景中，以污泥井检修受限空间作业任务为案例，模拟了受限空间作业的全流程。	（1）场景高度仿真，设置故事情节，给人身临其境的感觉，激发学习兴趣； （2）软件包括了污泥井检修的全流程作业内容，包括安全防护用品选用穿戴、安全隔离设置、受限空间危害识别、受限空间气体检测、下井作业及事故紧急救援等过程，可以全面地了解受限空间作业相关知识； （3）通过情景模拟，融入细节知识点的学习，如受限空间作业需要受限空间作业许可证； （4）既可以选择受限空间作业的全流程体验，也可以选择体验全流程中的某一个过程，操作灵活； （5）以仿真实训代替实际演练，达到学习目的的同时，也更安全、更经济； （6）可以客观对操作者进行评价，并自动给出操作评价。
2	《水处理厂突发事件环境应急3D虚拟现实仿真软件》	水厂浓硫酸泄漏事故发生前、处理过程、事故复盘等情节一一展现。	（1）在事故发生后，帮助学生快速了解遭遇突发事故的时候应该如何先进行自我保护，将安全第一的理念灌输给学生； （2）事故处理流程进行整体还原，把群策群力，协同作战的观念潜移默化的观念传递给学生； （3）事故复盘帮助学生梳理软件所学，总结提炼问题点，降低再次发生风险的可能，同时把闭环处理的思考方式交给学生。
三、水处理设备类			
	水处理通用设备	介绍了泵、阀、风机等设备的运动原理、常规维护及故障判断和处理方法。	（1）相关通用设备的运动原理图； （2）相关设备的安装调试操作； （3）常规维护保养操作及更换部件操作； （4）运行过程中的电控操作； （5）常见故障的判断和处理操作。

水处理实践
技术案例

SHUICHULI SHIJIAN JISHU ANLI

策划编辑 刘 佳
责任编辑 刘 佳
封面设计 姜 磊
责任绘图 邓 超
版式设计 姜 磊
责任校对 窦丽娜
责任印制 刘思涵
出版发行 高等教育出版社
社　　址 北京市西城区德外大街 4 号
邮政编码 100120
印　　刷 三河市骏杰印刷有限公司
开　　本 787 mm×1092 mm 1/16
印　　张 16
字　　数 300 千字
购书热线 010-58581118
咨询电话 400-810-0598

网　　址 http://www.hep.edu.cn
　　　　　http://www.hep.com.cn
网上订购 http://www.hepmall.com.cn
　　　　　http://www.hepmall.com
　　　　　http://www.hepmall.cn
版　　次 2023 年 7 月第 1 版
印　　次 2023 年 7 月第 1 次印刷
定　　价 48.00 元

图书在版编目（CIP）数据

水处理实践技术案例 / 沈磊，袁琨主编；刘东方等副主编 . -- 北京：高等教育出版社，2023.7
ISBN 978-7-04-060245-6

Ⅰ.①水… Ⅱ.①沈… ②袁… ③刘… Ⅲ.①水处理 – 案例 Ⅳ.① TU991.2

中国国家版本馆 CIP 数据核字（2023）第 052279 号